Praxias, dispraxias y apraxias

Servir una taza de café es una tarea compleja

NeuroPsic. Adriana Castillo
Sánchez Lara, Ph.D.

Rehabilitación neuropsicológica
De las praxias

Modelo PAINT

BARKER & JULES®

BARKER & JULES®

SERVIR UNA TAZA DE CAFÉ ES UNA TAREA COMPLEJA
REHABILITACIÓN NEUROPSICOLÓGICA DE LAS PRAXIAS

Edición: BARKER & JULES™
Diseño de Portada: Zaira Munizaga | BARKER & JULES™
Diseño de Interiores: Jessica Ariadna Vallejo Huerta | BARKER & JULES™

Primera edición - 2021

ISBN ebook | 978-1-64789-742-0
ISBN paperback | 978-1-64789-740-6
ISBN hardcover | 978-1-64789-741-3

BARKER & JULES, LLC
3776 Howard Hughes Pkwy 549, Las Vegas, NV 89169
barkerandjules.com

Agradecemos la participación en
la realización de este libro a:

Psic. Nayely Flores Fuentes
Psic. Edgar Eduardo Arias Calderón
NeuroPsic. Arnoldo Ríos Antonio
NeuroPsic. José Ángel De Luna Castruita
Psic. Ana Lilia Estrada Rosales
Psic. Laura Esther Calvo Villalobos
Psic. Mauricio Nava Bañuelos
Psic. Claudia Juárez

PRÓLOGO

El trabajo de más de veinte años en la rehabilitación de trastornos neurológicos me lleva a la necesidad de compartir los elementos que nos facilita la intervención de personas adultas con apraxia y niños dispráxicos con inmadurez en el desarrollo neurológico. Comprender las bases teóricas neuroanatómicas, neurofisiológicas y neuropsicológicas nos ha permitido conocer los procesos implícitos en la organización y reorganización del Sistema Nervioso Central.

El libro que se desarrolla a continuación lleva el título de "Servir una taza de café es una tarea compleja". En una primera parte, muestra cómo el desarrollo de los diferentes sistemas sensoriales lleva al proceso de adquisición de las praxias; y, se hace una propuesta de clasificación de las dispraxias. En una segunda parte, se presentan los diferentes modelos que a lo largo del tiempo han expuesto el proceso afectado en las apraxias y se considera la coexistencia de otros componentes. En una tercera parte, se mencionan una clasificación de las apraxias y las técnicas tradicionales de rehabilitación. En la cuarta parte, se muestra una propuesta teórica de un modelo neuroanatómico y neurofisiológico para la rehabilitación de las apraxias y se exponen ejercicios específicos para cada uno de los sistemas.

Estoy plenamente segura que los temas tratados, van a generar discusión neuropsicológica y que al final de cuentas contribuirá a fortalecer la manera en que se rehabilitan las apraxias; si esto es así, estaré plenamente satisfecha de largas horas de trabajo, de tenacidad incansable, valentía y determinación para ver al fin el fruto de un merecido esfuerzo que de algo sirve.

ÍNDICE

CAPÍTULO 1

DESARROLLO DE LAS PRAXIAS

El desarrollo de las praxias es un proceso dinámico de interacción entre el organismo y el medio, que da como resultado la maduración orgánica y funcional del sistema nervioso. Los estudios realizados en los últimos años sobre el desarrollo de las praxias y sus alteraciones, expresan que un alto porcentaje de las mismas son originadas en el período prenatal (Flehmig, 1988). Durante la vida intrauterina, la región germinal del cerebro produce una gran cantidad de neuronas; la neuroglia se encarga de nutrirlas, sostenerlas y ayudarlas en sus traslados. Posteriormente y hasta el momento del nacimiento las neuronas migran hacia la superficie y conforman la corteza cerebral. Esta zona del cerebro, en interconexión con la subcorteza, le permitirá al niño adquirir nuevos conocimientos y al mismo tiempo regular sus acciones (Feld y Rodríguez, 2004).

Para que las praxias se lleven a cabo, es decir, para que un niño sea capaz de mover su cuerpo de manera adecuada para la utilización de herramientas, por ejemplo, para realizar el trazo de bolitas y palitos con el lápiz, necesita el desarrollo adecuado del tono muscular, el sistema propioceptivo, el sistema vestibular, el sistema somatosensorial, el sistema visual, el esquema corporal y las funciones ejecutivas.

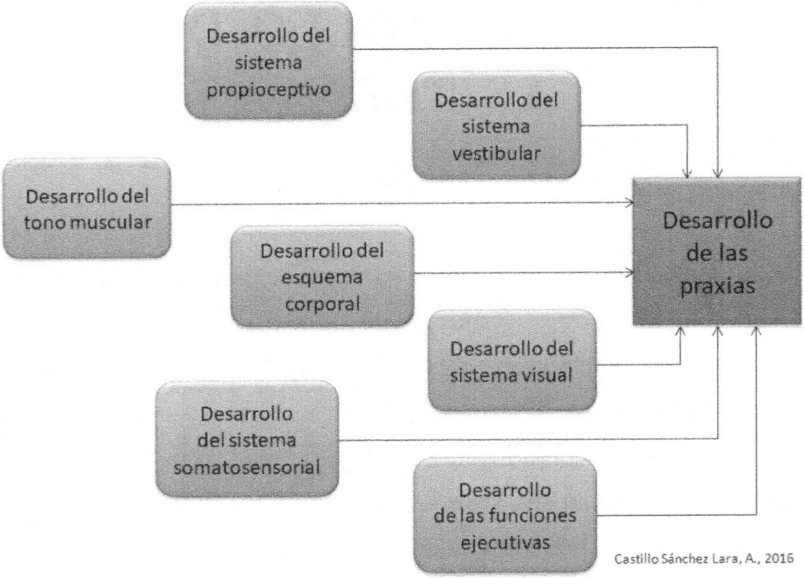

Figura 1. Desarrollo de las praxias. Autoria propia.

Primero, para el desarrollo de las praxias es necesario un adecuado **tono muscular,** el cual se refiere a la leve contracción sostenida de los músculos esqueléticos sanos y que constituyen la base de la postura. De aquí que, el control tónico es la ejecución de un acto motor voluntario sobre la tensión de los músculos que intervienen en los movimientos y acciones. Es decir, para la realización de cualquier movimiento o acción corporal es precisa la participación de los músculos del cuerpo; hace falta que unos se activen o aumenten su tensión y otros se inhiban o relajen su tensión.

El sistema **propioceptivo** es indispensable para el desarrollo de las praxias, es uno de los principales mecanismos del organismo humano para reconocer la ubicación de sus diferentes segmentos e identificarlos dentro de un espacio, capacitándolo así para ejecutar movimientos adecuados que garanticen el desempeño funcional. Al realizar una acción (praxia), es necesaria la postura que adopta nuestro cuerpo para actuar de acuerdo con diferentes movimientos. La postura se puede determinar y mantener mediante la coordinación de diferentes movimientos musculares y la propiocepción, lo cual nos permite hacer los diferentes ajustes posturales en relación con la fuerza gravitacional que se ejerce sobre nosotros de manera constante.

El aparato **vestibular** permite que el feto tenga información acerca del movimiento que realiza en el útero; se debe recordar que el movimiento en el útero se relaciona con la posterior competencia cinética del individuo. En el momento del nacimiento el sistema vestibular está completamente mielinizado, lo cual permite al bebé manejar la relación entre el cuerpo y la gravedad. Es decir, lo capacita para ejercitar reacciones de enderezamiento y realizar actividades como sentarse, gatear, caminar y las praxias.

El sistema **somatosensorial** se encarga de la capacidad para codificar información procedente de estímulos del medio externo o interno. Es diferente al resto de los sistemas sensoriales de nuestro cuerpo, ya que sus receptores no se concentran en un lugar, se encuentran repartidos por todo el cuerpo. Tiene una gran capacidad discriminativa, cada receptor codifica diferentes propiedades del estímulo en función de su categoría, de la intensidad, la duración, la posición, la dirección del estímulo y si este puede ser lesivo para el individuo.

La percepción visual es quizá, uno de los sentidos más importantes con que nos manejamos en la vida cotidiana. El sistema **visual** consiste en un proceso de percepción activa que involucra una serie básica de procesos de organización y estructuración de los estímulos, va más allá de la recepción pasiva de los rayos lumínicos. Según parece, un sistema procesa la información relacionada con la percepción de la forma, otro lo que atañe al color, y un tercero al movimiento, la localización y la organización espacial, funciones necesarias para la utilización de objetos en las praxias.

Para el desarrollo de las praxias, también es necesario un adecuado manejo del **esquema corporal**, el cual se centra en la toma de conciencia global del cuerpo: satisfacción, dolor, movilizaciones, desplazamientos y sensaciones visuales y auditivas. Es necesario comprender que debe existir una buena relación entre la conciencia corporal y el mundo externo para que se presente la capacidad de reconocer y representar mentalmente una acción en la realización de las praxias.

Las **funciones ejecutivas** son procesos cognitivos complejos que permiten planificar, organizar, guiar y regular el comportamiento. Son importantes en la ejecución de las praxias, ya que involucran la planificación de la acción a realizar, el orden correcto en las secuencias de movimientos para realizar una acción, así como la atención ante ciertos estímulos y la inhibición de respuestas ante otros.

Redondeando, para realizar una praxia las personas dependen de diferentes sistemas sensoriales: somatosensorial, visual, vestibular y el propioceptivo; así como del tono muscular y las funciones ejecutivas. La información aferente de los sistemas propioceptivos, visuales y vestibulares, de este modo el sistema cognitivo y el tono muscular, se integran y generan respuestas motoras que mantienen al cuerpo dentro de sus límites de estabilidad. En los niños, los sistemas sensoriales necesarios para la ejecución de las praxias no están completamente desarrollados, aunque sus estructuras anatómicas están presentes y maduran temprano en la vida.

A continuación, se detalla el desarrollo de cada de uno de los sistemas que participan en las praxias.

I. Desarrollo del tono muscular

El tono muscular fue definido por G. Holmes en 1922 como la tensión ligera constante que tiene el músculo sano, el cual ofrece resistencia cuando se le mueve pasivamente. El tono muscular depende de dos factores, uno mecánico, debido a la rigidez estructural del músculo, y otro reflejo, determinado por el reflejo miotático o de estiramiento, que constituye el arco reflejo más simple que existe. El reflejo monosináptico, esencialmente espinal, presenta un componente tónico, que es la base del tono muscular y un componente fásico, que es la base de los reflejos musculares, y se origina en los niveles superiores del sistema nervioso central (Cardinali, 1992).

El tono muscular también es la propiedad del músculo que permite la adaptación continua a la acción de la gravedad, y a los cambios de postura y movimiento de todo el aparato neuromuscular. Se consideran dos propiedades, el tono pasivo y activo. El **tono pasivo** es la resistencia del músculo a la presión, estiramiento y movilización pasiva, y determina la postura en reposo. Por otro lado, el **tono activo** es la tensión del músculo relacionada con la postura y el movimiento voluntario, se observa en los movimientos espontáneos que el niño realiza y en el mantenimiento de una postura en los primeros meses de la vida (Amiel-Tison y Grenier, 1980). En niños mayores y adolescentes, el tono activo se explora mediante el mantenimiento de una postura o la resistencia activa a los desplazamientos.

Antes del nacimiento, el ambiente uterino boyante apoya una variedad de posturas. Los movimientos corporales grandes -flexión y extensión de todo el cuerpo, estiramiento y retorcimiento, y patadas vigorosas de las piernas que atraviesan el feto a través del líquido amniótico- se realizan de catorce a dieciséis semanas de gestación. A medida que el feto en crecimiento ocupa cada vez más espacio en el útero, la propensión al movimiento se enmascara hasta que el feto ya no puede extender sus extremidades o girar la cabeza. Muchos de los movimientos practicados por el feto están presentes en el repertorio del neonato, pero después del nacimiento comienza la verdadera lucha contra la gravedad. En términos generales, el triunfo gradual de los bebés sobre la gravedad va de arriba hacia abajo, de la cabeza a los pies.

Al nacer los bebés presentan una hipertonía fisiológica de las extremidades, debido a la posición fetal, por ese motivo muestran una postura característica: flexión de los brazos y las piernas. Entre los dos a seis meses de edad se da una disminución en el tono muscular, comenzando en la cabeza y siguiendo por los brazos, concediendo una mayor libertad de movimiento de estas partes. A los seis meses se produce un aumento del tono muscular del tronco permitiendo la incorporación de la posición sentada. Llegando al año, el tono muscular del cuello, columna y miembros inferiores se encuentran lo suficientemente desarrollados para dar inicio a la posición de pie. A partir de esta edad se incrementa el control postural y finalmente se obtiene el control total del cuerpo entre los ocho y diez años, cuando el tono muscular se encuentra completamente desarrollado. El tono muscular es importante porque:

- Permite una adecuada succión y masticación, necesarias para la alimentación del niño desde el nacimiento.
- Facilita la emisión de sonidos, base para el desarrollo del habla y el lenguaje.

- Estimula los músculos faciales, permitiendo la imitación de gestos y muecas, que son medios para expresar emociones y la realización de praxias orales.
- Posibilita la elevación de los párpados y la movilidad de los ojos, necesarios para la exploración del entorno, el seguimiento visual y más adelante la lectura.
- Es indispensable para adquirir las posturas y los movimientos necesarios para la realización de las praxias.
- Permite una evolución adecuada de la lectoescritura.
- Está íntimamente ligado a la atención, por lo tanto, influye en los procesos de aprendizaje.

II. Desarrollo de la propiocepción

Los receptores propioceptivos están bien desarrollados hacia la vida fetal media, es así como el golpeteo, el estiramiento o inclusive un cambio en la presión del fluido amniótico causa una reacción en el feto. La propiocepción es un proceso realizado por el sistema nervioso para monitorear y controlar las diferentes partes del cuerpo: el cerebro recibe y suma los impulsos de tacto, dolor, temperatura y vibración provenientes de la piel, músculos, articulaciones y tendones para registrar los cambios, ángulos y posiciones que los músculos adoptan (Ashton-Miller, Wojtys, Huston y Fry-Welch, 2001; Ayres, 1972; Benítez Sillero y Póveda Leal, 2010; Grob, Kuster, Higgins, Lloyd y Yata, 2002; Lephart y Fu, 2000).

El proceso de la propiocepción inicia, en parte, en los receptores periféricos y continúa a través de la médula espinal y tallo cerebral para llegar finalmente al cerebelo (vía espinocerebelosa anterior y posterior para la sensibilidad inconsciente) o tálamo y corteza cerebral (vía espinotalámica lateral y el fascículo grácil y cuneiforme para la sensibilidad consiente). Juega un papel de vital importancia en regular el estiramiento y contracción muscular, estabilizar las articulaciones, estimar la fuerza muscular de acuerdo con una tarea, informar de la velocidad y longitud de estiramiento, colaborar en la planificación de los movimientos, en el "timing" y en calibrar las acciones en el espacio necesarias para las praxias (Snell, 2007).

Desde el marco de la embriología, el desarrollo del sistema propioceptivo comienza con la maduración de los receptores periféricos a la séptima semana de gestación y continúa con la formación del sistema aferente en la médula espinal a la semana trece. El desarrollo de las fibras que conectan los receptores periféricos con la médula espinal comienza en la octava semana. Las conexiones espinotalámicas comienzan a desarrollarse a las catorce semanas y se completan en la semana veinte, mientras que las tálamocorticales se observan desde la semana dicisiete y terminan su desarrollo en las semanas veintiséis a treinta (Carrera, 2008; Gratacós, 2007).

Una vez que todos los componentes del sistema propioceptivo se encuentran establecidos y desarrollados en el feto, se comienza a observar una actividad dinámica de este. Antes del segundo trimestre de embarazo los movimientos que el feto realiza son en su mayoría reflejos, pero a partir del sexto mes estos movimientos se encuentran determinados por la información sensorial proveniente de su medio. Mientras el feto crece, comienza a tener menor espacio para moverse y la información de presión aumenta, por lo que sus movimientos son mayormente de flexión y extensión, apoyándose en las paredes uterinas para dar saltos y vueltas. A partir de la semana treinta de gestación, comienza a preparar su salida acomodándose de tal forma que su cabeza quede apuntalada en el útero de la madre. La información propioceptiva que el feto recibe dentro del vientre materno es solo el preámbulo para la inmensa cantidad de estímulos que comenzará a recibir, primero durante el parto y posteriormente a lo largo de su crecimiento.

Al nacer, el neonato ya cuenta con un sistema propioceptivo maduro (Guzman y Castillo Sánchez Lara, 2015), el cual será la plataforma para el desarrollo de muchas habilidades que le ayudarán a lo largo de su vida. La conducta del bebé con respecto al sistema propioceptivo se hace evidente de manera muy clara. Desde recién nacido, el bebé responde a los cambios ambientales de temperatura; le incomoda sentir frío o calor, no sabe cuándo es uno o cuando es otro, pero sabe que es una sensación que le disgusta y a la cual responde con llanto. De igual forma, llorará ante sensaciones incómodas como tener un pañal sucio, picazón o comezón.

Un reflejo muy característico en los bebés es el de succión, debido a que al sentir un objeto cerca de su boca lo comienzan a succionar, ya sea el pezón de la madre, el biberón o el chupete, el recién nacido responde moviendo su boca en la dirección en la que percibe el roce. Además, desde los primeros meses es capaz de reacomodar algunas partes de su cuerpo de acuerdo con sus necesidades, permitiéndole mover la cabeza de un lado a otro si se le acuesta boca abajo (Federación Estatal de Asociaciones de Profesionales de Atención Temprana. GAT, 2010).

Entre los primeros tres y cuatro meses de edad al bebé ya le incomoda permanecer en una sola posición cuando está despierto, debido a que no es capaz de adoptar posturas muy distintas por sí mismo, por lo que expresa su necesidad de ser puesto en otra posición en la que se sienta más cómodo a través del llanto. También le gusta que le hagan cosquillas, para él es una sensación placentera y que nutre su cerebro.

Entre los siete y nueve meses comienza a gatear y a ponerse en pie apoyándose en objetos. La información propioceptiva que recibe de músculos, tendones y articulaciones al cargar su propio peso durante estas actividades, los golpes y caídas de los intentos fallidos por andar, así como explorar sus alrededores, continuarán nutriéndolo neurológicamente y contribuyendo a su maduración.

Entre los doce y dieciocho meses de edad comienza a presentar las primeras señales de introyección corporal, las cuales se hacen evidentes cuando los padres le piden que se toque algunas partes de su cuerpo y logra identificarlas. En este punto, sabe en dónde se encuentra su boca y se lleva alimentos y objetos a esta. Posteriormente, no solo será capaz de señalar las partes de su cuerpo, sino que lo hará en el de otras personas, muñecos e imágenes.

Entre el primer y segundo año de vida comienza a avisar a sus padres cuando quiere ir al baño; identifica si su necesidad es hacer "pipí" o "popó" e incluso puede verbalizarlo. No hay que olvidar que los esfínteres son músculos, por lo que conforme se haga experto en identificar la información sensitiva que esos le proveen, también obtendrá el control de los mismos, primero durante el día y más adelante también durante la noche. Además, comienza a manejar su cuerpo en relación con las prendas de vestir y el lápiz; empieza a ganar autonomía para quitarse y ponerse la ropa, y para hacer trazos sencillos como garabateo, sin embargo, aún necesita la ayuda de sus padres para ponerse o quitarse algunas prendas. Alrededor de los cuatro años ya es capaz de vestirse y desvestirse sin ayuda (Mozaz Garde y Pérez Lerga, 2015), y dibujar bolitas y palitos.

Entre los cuatro y seis años comienzan a ser más

aventureros, son como "buscadores de estímulos" que continúan nutriendo su cerebro y satisfaciendo sus necesidades propioceptivas. Gustan de practicar juegos que les provean de sensaciones nuevas o más intensas, y se orientan por aquellos en los que tengan que correr, saltar, dar volteretas y azotarse.

Como ya se mencionó, el sistema propioceptivo se encuentra desarrollado al momento de nacer, lo que hacen los niños a través de todos los juegos y actividades de las que tanto gustan, es valerse de este para completar su desarrollo y maduración integral.

III. Desarrollo del sistema vestibular

El sistema vestibular es el primer sistema sensorial que se desarrolla en los humanos a partir del engrosamiento del ectodermo embrionario llamado placoda ótica, la cual se encuentra a cada lado del tubo neural cerca del cerebro posterior en formación. Mientras el desarrollo avanza, estas estructuras se encuentran rodeadas y sumergidas por la proliferación del mesodermo embrionario para formar las fosas óticas. Después de que las bocas de las fosas óticas están cerradas, las estructuras cambian a otolitos a partir de los cuales se desarrolla la cóclea membranosa y el laberinto vestibular (Del Rayo Flores Urbina, Galicia Isasmendi y Ollyni Gómez Rivera, 2001; Nandi y Luxon, 2008). Durante un período de seis semanas a partir de la formación de los otolitos, se presentan cambios rápidos que dan como resultado el desarrollo completo de la cóclea membranosa y el laberinto vestibular (Nandi y Luxon, 2008).

Estructuralmente, el aparato vestibular se forma de tres canales semicirculares y los órganos otolíticos: el utrículo y el sáculo; estas estructuras son responsables de detectar la aceleración lineal que incluye cambios gravitacionales. La mayoría de los nervios aferentes vestibulares terminan en los núcleos vestibulares y en el piso del cuarto ventrículo. Los núcleos vestibulares reciben fibras aferentes bilaterales del cerebelo, la formación reticular, la médula espinal y el sistema visual. A su vez, estos núcleos se conectan con los núcleos oculomotores, la médula espinal, el cerebelo, el sistema nervioso autónomo, el tálamo, y los núcleos contralaterales.

Por lo tanto, hay una convergencia de entradas laberínticas, visuales y somatosensoriales en el nivel de los núcleos vestibulares que refuerza la postura, la locomoción, la orientación espacial y la estabilización de la mirada (Del Rayo Flores Urbina *et al.*, 2001; Nandi y Luxon, 2008), y por ende de las praxias.

La función vestibular está presente al nacer, pero sigue madurando hasta los seis y doce meses de edad. El movimiento de un recién nacido es muy estereotipado y está dominado por movimientos involuntarios de los reflejos. Los reflejos primarios son un conjunto de aproximadamente setenta movimientos mediados por el tronco cerebral que surgen durante la vida fetal, algunos de los cuales están en estrecha relación con el sistema vestibular. Durante el primer año de vida, mientras el niño se adapta a la gravedad, el sistema nervioso madura para ser capaz de realizar movimientos más voluntarios. La estimulación vestibular activa el tono muscular, inhibe los reflejos primarios y promueve respuestas posturales. Los reflejos primarios son respuestas inhibidas, posturales y motoras gruesas, tales como rodar, arrastrarse (locomoción en prono) y gatear (locomoción en cuadrúpedo).

El desarrollo de los hitos de la coordinación motora gruesa coincide con el período de seis a doce meses, cuando el sistema vestibular es más receptivo a la estimulación. Lo más probable es que durante el período en que el niño se encuentra en el arrastre y en el gateo, un sentido más maduro de equilibrio se desarrolla (Niklasson, Niklasson y Norlander, 2010).

La estabilidad de la visión en la presencia de movimientos de la cabeza o del cuerpo es una función importante del sistema vestibular. Los diferentes tipos de movimientos oculares tienen la importante función de proyectar la imagen de un objeto de interés a la fóvea, y de mantener la imagen en esta, la parte más sensible de la retina. En términos generales, los movimientos oculares rápidos, llamados movimientos sacádicos, llevan la imagen de un objeto a la fóvea, y los movimientos lentos de los ojos, incluyendo reflejos vestibuloculares y nistagmo optocinético, ayudan a mantener la imagen fija (Nandi y Luxon, 2008).

La maduración de la función vestibular en los niños puede estar relacionado en primer lugar con el desarrollo motor general (especialmente perteneciente a la postura), y en segundo lugar a la capacidad de estabilizar la visión durante los movimientos de la cabeza. La comprensión del desarrollo motor y respuestas posturales en el niño en crecimiento, son necesarios para poder evaluar adecuadamente la función vestibular en diversas etapas del desarrollo. Aunque el sistema vestibular está completamente desarrollado al nacer, las respuestas de equilibrio siguen madurando y, por lo tanto, los resultados de las pruebas dependen de la etapa de desarrollo del niño (Nandi y Luxon, 2008).

En resumen, las respuestas vestibulares se modulan gradualmente mediante el desarrollo de influencias inhibidoras centrales, control cerebeloso y adaptación vestibular central. El aumento de la reactividad vestibular durante la infancia ayuda al desarrollo del control postural durante un período de rápida adquisición de las praxias y de habilidades motoras (Nandi y Luxon, 2008), logrando la maduración de la respuesta a la estimulación vestibular, la cual se desarrolla completamente entre los diez y catorce años. En los niños pretérmino esta capacidad se ve alterada -debido a inmadurez más que a patología- y se manifiesta como retraso en la expresión motora.

IV. Desarrollo del sistema somatosensorial

El sistema somatosensorial se encarga de detectar estímulos del medio externo, el medio interno y propioceptivos. Para detectar estímulos del medio externo, el sistema somatosensorial procesa información proveniente de receptores localizados en la piel, los cuales incluyen diferentes modalidades sensoriales como el tacto (mecanorreceptores), el dolor (nociceptores) y la temperatura (termorreceptores) (Garrido, 2005; Gómez-Ramírez, Hysaj y Niebur, 2016). Los receptores cutáneos se encuentran inervados por aferencias que transmiten información al sistema nervioso central a través de conexiones entre la médula espinal, el tronco cerebral, el tálamo y otras estructuras (Garrido, 2005; Rees, Walker y Jennings, 2010). El cerebro usa la información acerca de los patrones de actividad de varios receptores para detectar y discriminar las sensaciones de la piel (Garrido, 2005).

La información acerca de las sensaciones corporales externas llega al sistema nervioso central a través de dos vías: el sistema lemnisco medial columno-dorsal que envía información sobre el tacto y la propiocepción; y el tracto espinotalámico o sistema anterolateral, el cual lleva la información acerca del dolor y la temperatura (Garrido, 2005; Weber, Friesen y Miller, 2012). El sistema lemnisco medial columno-dorsal se origina en el núcleo cuneado y gracillis de la médula espinal y termina en el núcleo ventral posterior del tálamo, mientras que el sistema anterolateral comprende axones y neuronas localizadas en la lámina I y V-VI de la hasta dorsal de la médula espinal (Weber *et al.*, 2012).

Desarrollo prenatal

Las células de la placa neural migran hacia los ganglios craneales y espinales alrededor de la cuarta semana de gestación; de los ganglios del trigémino y de la raíz dorsal en la médula espinal se derivan las neuronas sensoriales de grupos de células en la cresta neural, una estructura transitoria en la parte dorsolateral de la placa neural, las cuales se especializan para detectar diferentes modalidades sensoriales. En la octava semana de gestación comienza la inervación cutánea de la cara, hombros, axilas y muslo. Sin embargo, antes de la inervación de los miembros distales, crecen las proyecciones que van del sistema nervioso central al hasta dorsal de la médula espinal (Rees *et al.*, 2010).

En cuanto a las conexiones del tálamo, estudios *post mórtem* en infantes humanos han reportado que entre la semana diecisiete y veintiséis de gestación, los axones talámicos en las áreas primarias somatosensoriales crecen a través de la placa de conexión o subplaca, una estructura fetal transitoria por debajo de la placa cortical (Kostovic y Rakic, 1990; Kostovic, Judas, Petanjek y Simic, 1995). Posteriormente, durante la semana veintiséis a la treinta y cuatro de gestación, estos axones crecen hacia la placa cortical para formar las primeras conexiones tálamocorticales, constituyendo la vía anatómica de impulsos sensoriales desde la periferia hasta la corteza.

Dentro del útero, la transmisión de impulsos dolorosos desde un receptor periférico hasta la corteza cerebral es posible desde la semana dieciséis y se encuentra completamente desarrollada a la semana veintiséis de gestación (Carrera, 2008; Gratacós, 2007). Además, la estimulación cutánea de los mecanorreceptores en el feto puede ocurrir con el movimiento del fluido amniótico, las contracciones del útero o la autoestimulación de los miembros tocando el cuerpo o los dedos la cara (Ress *et al.*, 2010). Se ha observado mediante ultrasonido en tiempo real, que en fetos humanos los primeros movimientos son detectables a las siete y ocho semanas de edad postmenstrual (de Vries, Visser y Prechtl, 1982). Mientras que en estudios ultraestructurales se ha mostrado que entre las cinco y seis semanas de gestación se encuentran establecidas sinapsis entre neuronas sensoriales, interneuronas y neuronas motoras (Okado, 1981).

Desarrollo de circuitos locales corticales y procesamiento intracortical

Las neuronas del tálamo proyectan a áreas corticales involucradas en el procesamiento somatosensorial, a esta región se le denomina corteza somatosensorial y en los primates se encuentra dividida en cuatro áreas de acuerdo con la clasificación de Broadmann: 3a, 3b, 1, 2; ordenadas de manera rostrocaudal (Pinel, 2001; Weber, 2012). Estas áreas se encuentran organizadas de manera somatotópica, es decir, una sensación experimentada en alguna parte del cuerpo estimula un sitio específico en la corteza somatosensorial. Sin embargo, la mayor proporción de la corteza recibe señales de las partes del cuerpo especializadas en la discriminación táctil fina como manos, labios y lengua (Pinel, 2001).

Entre la semana veintiocho y cuarenta de gestación, el volumen del cerebro aumenta a más del doble y el volumen de materia gris cortical se extiende por cuatro (Hüppi *et al.*, 1998). Datos post mortem en lactantes humanos muestran que el desarrollo de las dendritas en células piramidales corticales comienza durante el segundo trimestre, de las capas corticales más profundas a las capas más superficiales. El número de dendritas basales se estabiliza alrededor de la semana veintisiete de gestación, pero su crecimiento en longitud se acelera durante el tercer trimestre y continúa después del nacimiento (Mrzljak, Uylings, Kostovic y van Eden, 1992). Junto con el desarrollo dendrítico, durante el segundo trimestre, el número de conexiones sinápticas se incrementa a partir de áreas sensoriales primarias seguido de áreas de orden superior (Afifi, Jacoby, Bell y Menezes, 1988). Posterior al tercer mes después del parto, la densidad sináptica en áreas sensoriales primarias disminuye gradualmente alcanzando niveles de la adultez cerca de la pubertad (Huttenlocher y Dabholkar, 1997).

Desarrollo posnatal

Las estructuras anatómicas esenciales para la transmisión de información somatosensorial a la corteza cerebral se encuentran establecidas antes del parto. Se piensa que los mecanismos iniciados por estímulos y dependientes de la actividad son el impulso para refinar las conexiones corticales (Rees *et al.*, 2010). Desde los primeros instantes de vida, el recién nacido tiene la capacidad de convertirse en un ser humano receptivo, participativo e interactivo que puede gozar de una relación recíprocamente satisfactoria con su medioambiente inmediato, y en último término, de una participación que le realice como persona en un mundo de constante ampliación (Andersen, Dunkea y Kekelis, 1984).

Se ha demostrado que entre la semana treinta y ocho a cuarenta y nueve postnatal la estimulación cutánea de la mano produce una considerable activación bilateral en la corteza y el tálamo, y de los tres a los nueve meses de edad todas las respuestas corticales son contralaterales a la estimulación (Erberich *et al.*, 2006). Por lo tanto, parece que el refinamiento de los sistemas somatosensoriales y la lateralización ocurre en el periodo postnatal.

Desarrollo sensorial

Se ha mostrado que incluso los bebés de pocos días de edad disponen de sofisticadas capacidades: pueden seguir con sus ojos un objeto en movimiento, girar la cabeza hacia la fuente de sonido, soportar su propio cuerpo, seleccionar entre distintos estímulos (Brazelton, 1973), sacar la lengua en imitación (Craig y Baucum, 2009), responder selectivamente a los gustos dulces y salados (Crook, 1978; Friedrich, 1983) y distinguir el olor del pecho de su madre frente al de otras mujeres (Macfarlane, 1975). Aunque en épocas recientes se pensaba que los bebés tenían una visión borrosa, en la actualidad se cree que los niños de seis meses tienen la misma agudeza visual que los adultos (Cohen, Strauss, 1979). Además, demuestran ser capaces de una transferencia transmodal, es decir, son capaces de incorporar información obtenida mediante una modalidad sensorial y utilizarla en otra modalidad diferente (Huttenlocher, 1985). El sistema nervioso central del bebé está constituido de tal modo que manifiesta una "sed" constante de estimulación a través de los órganos sensoriales, a fin de establecer el contacto entre su cuerpo y el ambiente externo.

Las estimulaciones visuales y auditivas son específicas, directas y se reciben en áreas identificadas del cerebro. Al contrario, el sentido háptico proporciona información menos directa, debido a que en las percepciones de este sistema participa el tacto, la temperatura, la textura y los movimientos musculares internos. Algo similar ocurre en los sistemas sensoriales olfativo y gustativo, pues aceptan la estimulación de muchas fuentes y no disponen de un nervio sensorial directo que permita separarlos o definirlos específicamente (McBurney y Collins, 1977).

Las experiencias con la vista, el sonido, el tacto, el sabor y el olor, estimulan los sentidos de todo bebé, desde estos, los mensajes son enviados por los nervios sensoriales hasta el cerebro donde reciben un significado. Así, se inicia el proceso perceptivo en cuya fase final comienzan a agruparse todas las percepciones sensoriales, luego son asimiladas y acomodadas al repertorio de conocimiento y de acción, después son procesadas en patrones que pueden recordarse, y posteriormente son aplicadas a nuevas situaciones. A partir de este momento el aprendizaje de cada niño adopta un estilo emergente.

Las teorías sensoriomotoras de Piaget (Piaget e Inhelder, 1969) ilustran la importancia de la visión para el bebé en desarrollo. La visión motiva, guía y verifica las interacciones del bebé con el ambiente, actuando de este modo como un estímulo para desarrollar patrones motores, y posteriormente, formar relaciones cognitivas.

Desarrollo sensorial e integración motora

Se podría establecer una comparación diciendo que si bien, la estimulación y la interpretación sensorial constituyen el alimento que permite al cerebro crecer y desarrollarse, la digestión de este alimento se logra mediante la integración motora de la información sensorial. La integración motora tiene lugar cuando el niño emplea el sistema motor para responder a la estimulación sensorial. En el recién nacido existen innumerables movimientos rítmicos involuntarios (reflejos) que contribuyen al desarrollo de patrones motores cuando el niño los llega a controlar, con el objeto de alcanzar lo que ve o de tocar lo que oye. La unión de todas estas percepciones, en relación con movimientos propositivos destinados a la obtención de una meta deseada, constituye lo que Piaget (1973) ha denominado internalización.

El movimiento permite al cuerpo recibir estimulación táctil, descubrir los lugares vacíos y tomar contacto con las personas y con los objetos. Ayuda al bebé a definir las capacidades y limitaciones del cuerpo en relación con el espacio, a sentir la posición de las partes del cuerpo y a percibir la potencia muscular necesaria para realizar ciertos movimientos. La visión es el soporte habitual de esta actividad motriz informando sobre las posibilidades de eficacia, seguridad y autonomía del movimiento.

Una vasta gama de experiencias se hace accesible al niño por el simple hecho de abrir los ojos, mover la cabeza y fijarse en los objetos de su entorno inmediato. Aun adoptando una posición pasiva, el entorno constituye un estimulador activo que favorece el aprendizaje incidental. Conforme aprende a integrar sus movimientos, su mirada puede observar y corregir sus posturas y le sirve de estímulo para alcanzar, dirigirse o coger lo que ve. Su gateo y su deambulación, están en gran medida determinados por su deseo de poseer lo que encuentra a cierta distancia de él.

El niño se halla inmerso en un universo relacional, y estas relaciones con los demás están estrechamente ligadas a su actividad motriz y sensoriomotriz. Poco a poco, gracias al movimiento va adquiriendo experiencia de cuanto le rodea, al tiempo que le permite conocer el mundo de las personas, de las cosas y de todo aquello que configura su pequeño universo y le ayuda a diferenciarse, adaptarse e integrarse (Leonhardt, 1992).

Desarrollo sensorial y cognitivo

Bower (1977) considera que en el momento del nacimiento los sentidos están coordinados, pero no diferenciados. Este autor defiende una "unidad primitiva" de los sentidos que en las primeras semanas de vida inicia su proceso de diferenciación, al hacerse cada vez más sensible a las distintas modalidades sensoriales de las que recibe una estimulación específica. Por ejemplo, si el ambiente sensorial es rico en estimulación visual y contraste, pero carece de estimulación sonora, el sistema auditivo se usará menos, y posteriormente el niño puede mostrar una sensibilidad menor a sonidos útiles y con significado. Por otra parte, en un ambiente en el que haya un ruido constante y donde las condiciones de iluminación, exploración, tacto y movimiento del bebé se encuentren estables, habrá pocas posibilidades de diferenciación de los sentidos.

Los patrones de recepción sensorial que establece el bebé y el niño pequeño se convertirán en una parte fundamental de su estilo de aprendizaje y de su desarrollo perceptivo-cognitivo en los primeros años. El desarrollo perceptivo-cognitivo parece seguir un patrón más estable cuando el niño emplea, en los años previos a su escolarización, el equipamiento sensorial completo.

El uso de todos los sistemas sensoriales en su capacidad óptima ayuda a alcanzar el potencial máximo de desarrollo conceptual, pero en el proceso de formación de conceptos la visión es el sentido prioritario por excelencia, como fuente de estimulación y de integración de las otras informaciones sensoriales. Algunos autores (Gesell y Amatruda, 1947; Getman, Kane, Halgren y McKee, 1964) mantienen que el ser humano es la criatura viviente más orientada hacia la visión y que aproximadamente el 80 % de la información que recibe para su maduración neuropsicológica tiene lugar a través del canal visual.

Desarrollo sensorial y comunicación

Si aceptamos el término comunicación como, aquellas conductas realizadas intencionalmente para afectar el comportamiento del otro con el fin de que reciba información y actúe en consecuencia, entenderemos claramente que todo neonato viene al mundo dotado de un equipamiento instrumental dispuesto a interactuar desde los primeros días de su vida. Además, se encuentra con un personaje fundamental para él, su madre, quien se ha preparado emocionalmente para recibirle. La potencial interacción entre ellos va a depender de ambos participantes, de sus dotaciones específicas, y de la modulación y conjugación de ambas.

Aunque muchos de los comportamientos del bebé se consideran filogenéticamente inscritos, estos se convertirán en señales comunicativas para la madre. Tal y como describe Lebovici (1960), la mirada, el contacto con la piel, las posturas, etc., sirven para la comunicación de afecto. El lactante percibe los caracteres prosódicos del discurso de la madre, su intensidad sonora, la modulación de esa intensidad cuando habla, su ritmo y su timbre. Otros mensajes llegan al bebé por las posturas y modos de cogerlo en brazos, por el tono muscular de la madre y por los cambios de posición, siendo él un auténtico participante en la comunicación.

En el caso del bebé no siempre es fácil determinar si la conducta es intencional, pero podrían diferenciarse dos tipos de intenciones: una intención intrínseca, propia del niño; y una intención extrínseca, que es el adulto quien la atribuye. La importancia de las atribuciones de intención comunicativa por parte del adulto al bebé, es esencial para que la interacción continúe y el niño acceda al significado del mundo exterior y de su propio mundo.

Los bebés reaccionan específicamente ante ciertos patrones, tanto visuales (especialmente los que configuran las expresiones faciales), como auditivos (los sonidos que forman parte de la voz humana). Ante estas conductas diferenciadas, la madre es extremadamente sensible y se acomoda constantemente al niño. La preferencia progresiva que el lactante muestra ante ciertos estímulos y la inicial y sucesiva intencionalidad que la madre le empieza a conferir, provocan que desde muy pronto (dos meses) se produzcan las "protoconversaciones"; diálogos muy primarios caracterizados por contacto ocular, sonrisas mutuas, gorjeos y alternancia de diversas expresiones.

A medida que se van especificando las conductas sociales, la interacción va haciéndose más compleja. Así, de los cuatro a los ocho meses aparecen rutinas lúdicas, que Bruner denomina «formatos», constituidas por contextos estables que permiten al niño reconocer la estructura de la interacción y en ocasiones llegar a anticiparse al adulto. El adulto realiza un papel de «andamiaje», regulando externamente los progresos del niño a fin de que vaya adquiriendo mayores niveles de competencia.

A través de estos "formatos" ritualizados el niño inicia el aprendizaje de las reglas de la comunicación: alternancia de roles, predictibilidad en la secuencia, observación de los efectos comunicativos, relaciones entre las conductas de sus interlocutores, etc. A partir de los ocho meses el bebé ya da muestras claras de conducta intencional, comprende que el adulto es un agente y que puede poner en marcha medios para conseguir ciertos fines. Hacia los nueve meses aparece una nueva forma de comunicación: los gestos deícticos, el niño señala o muestra lo que ve, oye o toca, y entrega lo que tiene a su alcance; está transmitiendo sus deseos al adulto para que puedan cumplirse con su mediación. Así, ante la imposibilidad de alcanzar algo, mirará al adulto y al objeto alternativamente, señalando hacia el mismo y generalmente vocalizando al mismo tiempo. Estas expresiones fueron designadas por Bates (1979) como "protoimperativos", constituyendo los preludios de la función reguladora del lenguaje. Ya a los doce meses el niño percibe al adulto como interlocutor, deja de ser un "instrumento" a utilizar y se convierte en alguien interesante en sí mismo, con quien puede y desea compartir información.

Es la conducta "protodeclarativa" que, siguiendo a Bates, se perfila como el preludio de la función informativa, declarativa o representativa del lenguaje. Todo el amplio bagaje sensorial se ha ido poniendo en juego en el desarrollo de la comunicación preverbal. En ella se establecen las bases de las funciones lingüísticas posteriores, pero tanto en su inicio como en su posterior afianzamiento y en su pleno desarrollo, la mirada y la visión desempeñan papeles primordiales.

Desarrollo sensorial y aprendizaje

En la mayoría de los niños el proceso de aprendizaje es tan automático y espontáneo que se dedica poca atención a todos los factores implicados, en especial a la importancia del sistema sensorial y su relación con el cerebro. La combinación de unidades fragmentarias de estimulación sensorial en percepciones con significado y luego en conceptos estables, genera un conocimiento funcional para pensar y comunicar ideas abstractas.

Algunos autores han defendido que la coordinación y la unidad de los sentidos es innata (Bower, 1977), pero otros defienden que el factor responsable de la coordinación de los sentidos es la experiencia. Ambas posturas parecen excluyentes, pero la realidad parece demostrar que ambos procesos deben producirse para que la propia comprensión de la realidad sea igual a la realidad.

Bushnell, Goldberg y Robinson (1981), consideran los sentidos como instrumentos activos que buscan, exploran y proporcionan un conocimiento operativo aún no consciente. Sin embargo, las conductas intersensoriales parecen estar apoyadas por algún tipo de conciencia conceptual; cuando los bebés examinan los juguetes descubren correlaciones entre el tamaño, la forma visual y táctil, además, pueden integrar los rasgos perceptivos de la visión y el tacto al mirar y al agarrar.

En esta línea, Butterworth (1981) defiende que la información visual y auditiva se asocian entre sí a través de vínculos comunes con los sistemas cinestésico y táctil. Por su parte, Millar (1981) también ha llegado a la conclusión de que las modalidades sensoriales no son ni unitarias ni independientes, sino complementarias y convergentes. Las capacidades transmodales o supramodales parecen desarrollarse en los niños durante los primeros años de vida, pero en la actualidad no se disponen de datos rigurosos que permitan definir secuencias de desarrollo. Una vez que se completa este conocimiento transmodal se produciría la integración y diferenciación sensorial.

La ontogenia de las actividades posteriores de clasificación, codificación y organización de las percepciones es una tarea mental compleja, incluso cuando todos los sistemas sensoriales están intactos y actúan con la máxima eficacia. Además, cada niño aprende a realizar este proceso de forma diferente según una modalidad única, que más adelante le caracterizará y que Piaget (1973) denomina "estilo de aprendizaje".

Algunos teóricos (Furth, 1969; Keogh y Becker, 1973) han afirmado que el estilo de aprendizaje del niño ya se ha establecido a los tres años y después es difícil cambiarlo. Si bien, hasta que la persona alcanza la edad adulta, es posible introducir algunas modificaciones mediante una enseñanza consistente y ordenada de distintos estilos. De acuerdo con los citados autores, se puede decir que lo que el niño recibe a través de sus sentidos, interpreta en el cerebro, internaliza en el sistema nervioso central y sobre lo que actúa mediante su sistema motor, se convierte para él en el modelo de todo su mundo.

El proceso de aprendizaje supone una secuenciación progresiva de distintos niveles sensoperceptivos (Ayres y Mailloux, 1981). El primer nivel está constituido por las sensaciones que estimulan o activan las células nerviosas, implica a los órganos sensoriales y al sistema nervioso periférico, pero todavía no se reciben ni se interpretan como dotadas de un significado.

El que se transmita o no información a través de las sensaciones dependerá de:

- la receptividad de los canales transmisores,
- la eficacia de los centros receptivos en el cerebro,
- los vínculos o vías de asociación entre los distintos canales sensoriales, y
- la capacidad de los centros de codificación y procesamiento para dar una interpretación con significado.

En un segundo nivel se sitúa la discriminación, la cual supone que el bebé o niño se haga consciente de las diferencias o afinidades entre distintas experiencias con la visión, el sonido, el olfato, el gusto o el tacto. Inicialmente, las discriminaciones son muy toscas, pero se van refinando cada vez más cuando comienza a atender al mismo tiempo un mayor número de rasgos y diferencias más sutiles.

En el tercer nivel está el reconocimiento, el cual tiene lugar cuando lo que está viendo, tocando, saboreando u oliendo, le resulta familiar al niño porque ha sido experimentado anteriormente. En esta fase se almacenan y evocan recuerdos (patrones mnésicos) de ciertas sensaciones y discriminaciones, lo cual constituye una de las primeras pruebas de que ya ha ocurrido el aprendizaje.

Finalmente, se lleva a cabo la percepción, la cual implica, tras un proceso de mediación e integración de sensaciones, discriminaciones y reconocimientos, la diferenciación y especificación de la entrada sensorial en información codificada y utilizable. La calidad perceptiva evoluciona según avanza el aprendizaje y tiene lugar una elaboración constante de lo percibido.

Se puede concluir afirmando que en los primeros meses de vida los sistemas sensoriales y perceptivos no están diferenciados, y solo comienzan a registrar aspectos específicos de modalidad cuando empiezan a formarse las percepciones. Es entonces cuando el niño tiene la capacidad de buscar, captar y seleccionar la estimulación de un sentido específico con exclusión de otras estimulaciones sensoriales. Así, el aprendizaje sensorial está determinado por su propio proceso madurativo, pero también, y en gran medida, por las experiencias, estimulaciones e intereses disponibles en el mundo propio de cada niño.

V. Desarrollo del sistema visual

El desarrollo del aparato visual es un proceso dinámico que sufre modificaciones anatómicas y fisiológicas aún después del nacimiento, y se perfecciona sobre la base de la experiencia visual que se adquiere durante los primeros años de vida.

La visión es uno de los sentidos que permite exploración del espacio que nos rodea, y es una función básica de la especie humana. Numerosos estudios han demostrado que esta habilidad está presente en el niño a una edad temprana (Learmonth, Newcombe y

Huttenlocher, 2001; Wang y Spelke, 2002), y gradualmente se va complejizando (Acredolo, 1977; Overman, Pate, Moore y Peuster, 1996) hasta la adultez. Mediante el sistema visual obtenemos una cantidad de información mayor que mediante ningún otro sistema perceptivo aislado.

La visión recibe el nombre de *canal sensorial primario* porque:

- Extiende al ser humano más allá de su propio cuerpo;
- Es la mediadora de otras impresiones sensoriales;
- Actúa como un estabilizador entre la persona y el mundo externo.

De acuerdo con Haith y Campos (1977), el cerebro guía al ojo, y este hecho parece inferirse del estudio de los patrones de fijación visual de los bebés y los niños pequeños. El aprendizaje comienza cuando el bebé busca una entrada visual, escogiendo cuándo y a qué mirar. Los estudios de estos autores revelan que los bebés realizan el proceso siguiente:

1. Abren los ojos si se encuentran despiertos y en estado de alerta.
2. Mantienen una búsqueda vigilante intensa, incluso aunque no haya luz.
3. Continúan buscando incluso cuando encuentran alguna luz, pero ningún borde.
4. Cuando localizan un contorno, exploran repetidamente a lo largo de él en ambos sentidos.
5. Mantienen un estrecho abanico de exploración si el contorno localizado está cerca de otros contornos.
6. Mantienen un abanico más amplio de exploración si la densidad de patrones es baja.

La finalidad de estos comportamientos visuales es mantener los disparos celulares en la corteza visual al máximo nivel e incrementar continuamente la tasa de disparo.

La búsqueda y la exploración visual activa son necesarias para mantener la estimulación cortical, hasta tal punto que Friedman (1972) y Reynolds (2015), en estudios sobre atención selectiva y habituación a ciertos estímulos en bebés, concluyeron que estos atienden a los estímulos visuales mientras les transmiten alguna información, y dejan de mirar a ellos cuando ya no hay información nueva que puedan obtener.

Desarrollo visual durante el primer año de vida

Durante los seis primeros meses de vida ocurre un gran cambio anatomofisiológico en el sistema visual (Brandt, 2005; Braddick y Atkinson, 2011). A partir de los seis meses la visión tiene un papel imprescindible para el desarrollo perceptivo, cognitivo y social del niño (Morrone y Concetta, 1986).

Neonato. Vuelve la cabeza hacia la claridad, la pupila se contrae con la luz. Al nacer el niño es sensible a la luz (Brandt, 2005), presenta una agudeza visual casi nula, pero suficiente según sus necesidades de integración (Goldie y Hopkins, 1964).

Primera semana. Parpadea ante los estímulos luminosos y cierra los párpados cuando se intenta abrírselos (Brandt, 2005). Es capaz de realizar movimientos oculares para encontrar objetos a una distancia de entre 20 y 75 cm de distancia de él, aunque con poca eficacia son los primeros indicios de búsqueda visual. A esta edad también puede observarse la capacidad de seguir y fijar (seguimiento visual) un objeto con la mirada mediante movimientos sacádicos y movimientos de la cabeza (García-Alix y Quero, 2012).

Segunda semana. Empieza a movilizar los ojos como si ya fijase la visión (Brandt, 2005).

Tercera semana. Los movimientos oculares se producen en aumento. Aparece el reflejo al miedo o amenaza (Brandt, 2005), este reflejo comprueba el desarrollo de la percepción ante estímulos negativos.

Cuarta - séptima semana. El niño mira los ojos de la otra persona (Brandt, 2005); mira a los ojos de su madre cuando esta le habla, y es capaz de seguir 90 grados con la mirada (Gómez-Andrés, Pulido y Fiz, 2019). Comienzan las primeras señales del reconocimiento visual de rostros.

Cuarta - decimosegunda semana. El seguimiento visual mejora para esta etapa; el niño mira un objeto y lo sigue con la mirada (reflejo de seguimiento) (Brandt, 2005).

A partir de la cuarta semana se observa el reflejo de fijación hacia un objeto dentro del campo visual, así como la evolución del reflejo de fusión y coordinación ocular; es capaz de seguir un objeto en movimiento dentro de su campo visual. Esta es una etapa monocular en la que se debe dar la misma opción de estimulación a ambos ojos; son importantes cosas como, por ejemplo, cambiar la posición de la cuna en la habitación (así va mirando la luz de la ventana y de la puerta desde distintos ángulos, fomentando que los dos ojos se estimulen por igual).

Tres meses. Brinca con las manos frente a los ojos (Brandt, 2005).

Tercer - cuarto mes. Reacciona a su propio reflejo (Brandt, 2005), mostrando así el reconocimiento visual de rostros.

Cuarto - quinto mes. Intenta alcanzar las cosas (Brandt, 2005); entre los cinco y seis meses de edad, el desarrollo visual estimula la respuesta del sistema motor -el bebé alcanza o se mueve hacia algo que ve- (Barraga, 1992).

Sexto - noveno mes. Evita obstáculos que encuentra en frente de sí, y explora visualmente pequeños objetos (Brandt, 2005).

Tres meses al primer año. En esta etapa entra en juego la manipulación y la locomoción. Por ejemplo, el niño comienza a arrastrarse o gatear por algún objeto o juguete tratando de alcanzarlo, esto implica un proceso atencional de algunos minutos. A nivel visual, hacia los seis meses, empiezan a trabajar ambos ojos a la vez (etapa binocular); los ojos se alinean y empiezan a mirar simultáneamente el mismo objeto, el niño hace ensayos calculando las distancias y mejora todos los movimientos oculares con el gateo (Brandt, 2005). Todo esto da un rastro del reconocimiento visual de movimiento.

De uno a tres años. Alrededor del primer año de vida, estimula la respuesta del sistema cognitivo cuando la conducta de emparejamiento e imitación indican la existencia de una memoria visual de entrada (Barraga, 1983). Esto manifiesta algunos rasgos de la memoria visual de trabajo. Asimismo, madura la visión, ya que el niño logra fijar la mirada ante objetos y estímulos, es decir, da un mejor seguimiento visual.

De tres a seis años. En esta etapa se desarrolla la visión por completo, la percepción del espacio visual orientado, el esquema corporal, la lateralidad y la direccionalidad. Estas tienen una misma base: el movimiento coordinado, dirigido y organizado del campo visual del niño, lo cual permitirá el inicio de la lectoescritura en la etapa escolar.

De seis a doce años. En este periodo tiene lugar la madurez del sistema visual. En esta etapa se debe consolidar una visión eficaz que irá ligada con el buen rendimiento escolar. Se debe observar al niño a través de las etapas de desarrollo, ya que, si hay un fallo en este, su recuperación será más eficaz cuanto más precozmente pueda ser tratada. Por ello, se recomienda, si no se observa ninguna anomalía, hacer un primer examen visual a los tres años, antes de iniciar la educación infantil, y a los seis años, edad en que empieza la educación primaria.

Esta secuencia progresiva constituye una prueba adicional de la relación integral entre los sistemas motor, perceptivo y cognitivo, pues ha de considerarse que la percepción visual implica:

- Examinar un objeto;
- Distinguir rasgos esenciales;
- Comprender la relación entre los elementos; e
- Integrar la información de un todo significado.

Es necesario que el ojo se encuentre estructural y funcionalmente intacto para que se pueda realizar adecuadamente la percepción. La cantidad y calidad de luz que reciba el ojo, estimulará las células retinales que generan la energía fotoeléctrica para transmitirla al cerebro a través del nervio óptico. El nervio óptico se convierte así en el vínculo que conecta el cerebro y el sistema perceptivo visual en todo proceso cognitivo. El niño nace con la capacidad de aprender a ver, y la madurez visual va ligada al resto de maduración motriz y neuronal.

VI. Desarrollo del esquema corporal

El esquema corporal es la representación mental del propio cuerpo, en estático o en movimiento, y su relación con los objetos y el espacio (Fernández Pradas, 2009; Ogden, 1985; Semenza y Goodglass, 1985; Semenza, 1988; Sirigu, Grafman, Bressler y Sunderland, 1991). Requiere el conocimiento de la geometría del cuerpo, de su dinámica y de su orientación con respecto al medioambiente; incluye la longitud y segmentos de las extremidades, su disposición, la configuración de los segmentos en el espacio y la forma de la superficie del cuerpo (Head y Holmes, 1911; Maravita e Iriki, 2004; Maravita, Spence y Driver, 2003). También puede incorporar, después de un entrenamiento adecuado, las propiedades dinámicas y espaciales de las herramientas empleadas por usuarios expertos

(Maravita e Iriki, 2004). Esta representación es independiente de las representaciones utilizadas para identificar y comprender objetos (Peelen y Downing, 2007; Reed y Farah, 1995).

El esquema corporal se construye con base en la información transmitida por el movimiento del cuerpo y las interacciones con el ambiente y otras personas (Decety y Boisson, 1997). El niño tiene que tomar conciencia de su situación en el espacio, su entorno y los objetos que le rodean, para esto debe reconocer su propio espacio, qué es el que envuelve su cuerpo, el espacio próximo, y la zona o área donde el niño se mueve (Fernández Pradas, 2009). El desarrollo de la conciencia del propio cuerpo está relacionada con la ejecución del movimiento, las experiencias perceptivo-motoras, así como las experiencias propioceptivas y sensoriales como la visión y audición (Brownell, Svetlova y Nichols, 2012; Fernández Pradas, 2009).

El desarrollo del esquema corporal es progresivo, se propone que la representación del esquema corporal continúa madurando a través de la infancia a la adolescencia (Assaiante, Barlaam, Cignetti y Vaugoyeau, 2014). En cambio, algunos estudios reportan que el esquema corporal madura alrededor de los ocho a diez años (Cignetti, Chabeauti, Sveistrup, Vougoyeau y Assaiante, 2013; Eliasson *et al.*, 1995). Mientras que, otros autores sugieren que este proceso se consolida entre los once y doce años (Fernández Pradas, 2009).

El esquema corporal se encuentra asociado con la región frontal dorsolateral y parietal del cerebro, debido a que se han observado alteraciones en la representación del esquema corporal en pacientes con lesión en estas áreas (Schwoebel y Coslett, 2005). Asimismo, Morasso, Casadio, Mohan, Rea y Zenzeri (2015), plantean que el esquema corporal se compone de un conjunto de redes frontoparietales que integran la información de diferentes regiones del cuerpo y el espacio externo.

VII. Desarrollo de las funciones ejecutivas

Históricamente, se había considerado que las funciones ejecutivas se desarrollaban hasta alrededor de los doce años. Sin embargo, en las tres últimas décadas, y como resultado de las investigaciones sobre el desarrollo de las funciones ejecutivas, tal percepción ha cambiado radicalmente (Diamond, 1991). Estas investigaciones han mostrado que, durante los primeros años de vida, es posible observar cómo emergen diversas capacidades cognitivas que posteriormente constituirán lo que conocemos como funciones ejecutivas.

El desarrollo de estas funciones sigue un curso lento y progresivo, y es crucial para el funcionamiento cognitivo, el desarrollo social y afectivo del niño. A medida que maduramos, mostramos mayor capacidad para hacer frente a situaciones novedosas y adaptarnos a los cambios de forma flexible. Las alteraciones tempranas en el desarrollo ejecutivo limitan tal capacidad, lo que origina una cascada de consecuencias a corto, mediano y largo plazo.

En edades tempranas, ya es posible observar que algunas de las capacidades cognitivas que integran las funciones ejecutivas han iniciado su desarrollo. Si bien, a esta prematura edad el control ejecutivo es aún muy frágil y precario, es muy similar a la observada en la adolescencia y principios de la segunda década de vida (Romine y Reynolds, 2005).

Funciones ejecutivas previas a los seis años

Los estudios publicados en la literatura señalan que es posible diferenciar dos fases en el desarrollo de las funciones ejecutivas. En la primera fase, que comprende los tres primeros años de vida, emergen las capacidades básicas que posteriormente han de permitir un adecuado control ejecutivo. La segunda fase, se caracteriza por un proceso de integración en el cual se coordinan las capacidades básicas que previamente han emergido.

Además de los resultados presentados en estas investigaciones, las evidencias obtenidas en las tres últimas décadas indican, que las funciones ejecutivas inician su desarrollo antes de lo que previamente se pensaba.

Memoria de trabajo u operativa

En múltiples situaciones de la vida cotidiana tenemos la necesidad de recordar algo con el fin de resolver un problema. En tales situaciones, nuestro cerebro debe seleccionar qué tipo de información es relevante y evocarla, ignorando todo el cúmulo de información que hemos almacenado, pero que no nos sirve en ese momento. Adicionalmente, conforme la tarea avanza, el cerebro debe hacer cambios pertinentes, como dejar ir el recuerdo que hace un momento era importante y evocar otro tipo de información. A dicho proceso de selección de recuerdos relevantes en una situación determinada se le denomina "memoria de trabajo" (Goldberg, 2001).

Baddeley (2003) define la "memoria de trabajo" como un sistema que mantiene temporalmente y de forma activa, información para lograr metas inmediatas o a corto plazo. Este sistema está formado por un ejecutivo central el cual coordina las actividades de dos sistemas esclavos: el bucle fonológico, el cual se encarga de mantener en línea información de tipo verbal a través de la repetición articulatoria; y el bucle visoespacial, que procesa información de tipo visoespacial. Además, el ejecutivo central se encarga de asignar los recursos atencionales cuando se realizan dos o más tareas simultáneas, de acceder a información almacenada en la memoria a largo plazo, y seleccionar las estrategias adecuadas de evocación. Las funciones del ejecutivo central están relacionadas con la actividad de la corteza prefrontal, las del bucle fonológico con áreas temporales y parietales izquierdas, y las del bucle visoespacial con áreas homólogas derechas.

En los primeros seis meses de vida el bebé puede recordar representaciones simples (Reznick, Morrow, Goldman y Snyder, 2004). Sin embargo, si el bebé está jugando con un juguete y lo cubrimos con una toalla, para él este deja de existir: no busca el juguete y se comporta como si no existiera. Alrededor de los ocho meses, los bebés son capaces de buscar el objeto que les ha sido ocultado y recuperarlo. Esta conducta en sí misma sugiere una forma "embrionaria" de funciones ejecutivas: el bebé puede mantener en línea información que no se halla presente (representación del juguete y su ubicación espacial) para la consecución de un objetivo (levantar la toalla y recuperar el juguete). El aumento del período de resistencia a la demora en los bebés de entre siete y doce meses responde a una mayor capacidad para mantener información en línea (Diamond, 2002). La habilidad para manipular y transformar esta información inicia su desarrollo entre los quince y treinta meses de edad (Diamond, Prevor, Callender y Druin, 1997).

Diversos estudios han puesto en evidencia el gran progreso de esta capacidad durante la infancia y su impacto en otras áreas del desarrollo cognitivo (Baddeley, 2003; Carlson, 2005). Luciana y Nelson (1998) evaluaron a niños de cuatro a ocho años (n=181) y a un pequeño grupo de adultos (n=24) con una versión computarizada de los Cubos de Corsi, donde los participantes deben señalar una serie de cubos en orden inverso al indicado. Los autores observaron un efecto de la edad y una interacción de la edad con el sexo, ya que mientras los niños mantuvieron un lapso mayor de memoria visual a los cuatro, seis y siete años, las niñas tuvieron una mejor ejecución a los cinco y ocho años. Por otro lado, Carlson (2005) evaluó a niños de tres, cuatro y cinco años en la tarea de Dígitos en Regresión, y encontró que solo el 9 % de los niños de tres años podían repetir tres dígitos de modo inverso; porcentaje que ascendió a 37 % para los niños de cuatro años y a 69 % para los de cinco.

Estos datos indican que durante la infancia existe una mejora importante en la capacidad de memoria de trabajo tanto en la modalidad visoespacial como auditivo verbal, y se extiende más allá de los seis y siete años, por lo que su desarrollo es más tardío que otros procesos como el control inhibitorio con el cual se encuentra relacionado (Liberman, Giesbrecht, y Müller, 2007).

Control inhibitorio

Esta función alude a nuestra capacidad de inhibir y controlar respuestas afectivas, cognitivas y conductuales, por tanto, no constituye un constructo unitario. Así, podemos distinguir entre la inhibición en la atención, que se refiere tanto a la atención selectiva como al cambio en el foco atencional, y la inhibición de la acción que comprende, por un lado, la inhibición de una conducta y por el otro, el cambio de un patrón de respuesta dominante a otro (Capilla *et al.*, 2004).

La habilidad para mantener el foco de atención en un punto permite la concentración en determinada actividad inhibiendo las señales que proceden de otras fuentes de información, es decir, evitando la distracción. Mientras que, la inhibición de conductas dominantes a favor de otras que no lo son requiere un cambio del set cognitivo.

La capacidad de control inhibitorio se ha asociado con el funcionamiento de la corteza prefrontal medial, en especial el giro cingulado anterior y la corteza orbitofrontal (Shimamura, 2000). Se produce en virtud de las eferencias que tienen estas regiones de la corteza con regiones subcorticales y corticales posteriores, para dar prioridad a cierta información o representación relevante en un momento dado.

Durante el primer año de vida emerge la habilidad de suprimir respuestas dominantes. Kochanska (2002), sugiere que la capacidad del bebé para dejar de hacer una actividad placentera (p. ej., jugar con un peluche) frente a la demanda de un cuidador es la primera forma de inhibición observada en humanos. Los bebés de ocho meses son capaces de inhibir una conducta placentera en el 40 % de las ocasiones, porcentaje que aumenta sensiblemente a los veintidós y treinta y tres meses de edad (78 y 90 %, respectivamente) (Diamond, 2002). No obstante, estas formas embrionarias de funcionamiento ejecutivo son muy frágiles y fácilmente alterables.

Una de las pruebas de mayor interés en la investigación del desarrollo de las funciones ejecutivas durante los primeros años de vida, es la tarea A-no B (Diamond y Doar, 1989). En esta tarea se colocan frente al niño dos pantallas opacas, ante su mirada se oculta un juguete tras una de las pantallas (pantalla A) y se le incita a buscarlo. Tras diversos ensayos, y ante la mirada del niño, se esconde el juguete en la otra pantalla (pantalla B). Frente a intervalos inferiores a dos-tres segundos, desde que se oculta el juguete hasta que se permite al niño recuperarlo, la mayoría de los bebés con edades comprendidas entre los ocho y doce meses no tiene dificultades para realizar esta tarea: buscan el juguete en la pantalla B. Sin embargo, ante demoras más largas insisten en buscar el juguete tras la pantalla A, a pesar de que esta ya no sea la ubicación correcta del mismo. Con el aumento de la edad, los bebés resisten demoras de tiempo cada vez más amplias, por ejemplo, es necesaria una demora de cinco segundos para que bebés de nueve meses cometan el error de buscar el juguete tras la pantalla A. Según Diamond y Doar, la dificultad para ejecutar correctamente la tarea A-no B, se debe a una inhibición ineficiente de la tendencia a repetir la conducta exitosa y a un desvanecimiento de la información (localización del juguete) tras la demora.

Por otro lado, en una tarea tipo Stroop adaptada para niños preescolares, se ha encontrado que los niños entre 3½ a 4½ años presentan dificultades para guiar sus acciones inhibiendo la respuesta dominante. El desempeño mejora conforme la edad y los niños de seis años prácticamente no presentan dificultades para realizarla (Diamond, 2002; Gerstadt, Hong y Diamond, 1994).

Otros estudios que han utilizado tareas que implican la capacidad de demorar una conducta con carga afectiva, por ejemplo, ignorar una recompensa pequeña inmediata a favor de una más grande pero lejana en el tiempo, o evitar mirar una recompensa deseada, mostraron que los participantes de tres años, a diferencia de los de cuatro años, tuvieron dificultades para inhibir su deseo de obtener recompensas inmediatas (Carlson, 2005).

El uso de reglas para guiar su conducta por parte de un niño de tres años, es superior cuando se compara con las reglas simples empleadas por uno de dos años. No obstante, esta capacidad todavía es muy limitada, como se observa en los estudios realizados con la tarea denominada *Dimensional Change Card Sort* (Zelazo et al, 2003). El objetivo de esta prueba es clasificar una serie de tarjetas de acuerdo con la forma o color de los dibujos que contienen (p. ej., estrella roja, camión azul, etc.). Los resultados muestran que los niños de tres años presentan dificultades para cambiar de regla clasificatoria. Por ejemplo, si inicialmente se le solicita que clasifique las tarjetas por la dimensión 'color' (pon las tarjetas rojas aquí y las azules allí) y posteriormente que lo haga por la dimensión 'forma' (pon las estrellas aquí y los camiones allí), un niño de tres años continúa clasificando las tarjetas según la dimensión inicial (en este caso el color). Es hasta los cuatro años cuando el niño cambia de dimensión sin dificultad. Esta capacidad para utilizar un par de reglas arbitrarias constituye el paso previo en la adquisición de la habilidad para integrar dos pares incompatibles de reglas en un solo sistema de reglas (típicamente alrededor de los cinco años). Estos cambios tienen implicaciones significativas en la conducta del niño, debido a que le permiten formular y usar juegos de reglas más complejos para regular su conducta, ya que antes de los tres años los niños son, a grandes rasgos, dependientes del estímulo, responden de forma rígida y estereotipada, y se hallan orientados al presente.

Entre los tres y cinco años emerge la capacidad de actuar de forma flexible, así como de orientarse hacia el futuro. Gradualmente, el niño muestra mayor capacidad para inhibir respuestas automáticas y asociadas a refuerzos. En pruebas como la tarea noche-día (Gerstadt *et al.*, 1994) se hacen patentes las dificultades en los niños de tres a cuatro años para guiar sus acciones mediante reglas que requieren actuar de forma contraria a sus inclinaciones (Garon, Bryson y Smith, 2008). En esta tarea, el niño debe decir 'noche' cuando se le muestra una lámina con un sol y 'día' cuando la lámina contiene una luna y estrellas. En esa condición (condición incongruente), el niño tiene que inhibir la tendencia de expresar lo que realmente representa cada lámina para dar la respuesta contraria. La condición control consiste en decir 'noche' ante una lámina con dibujos abstractos y 'día' frente a otra con contenido similar. Niños de tres y cuatro años muestran problemas en la condición incongruente en comparación con la condición control debido a las limitaciones que presenta su capacidad inhibitoria.

En otro estudio realizado con niños de cuatro años, se redujo la dificultad de la tarea añadiendo nuevas condiciones que exigían un menor control inhibitorio y una mayor implicación de la memoria. Los resultados mostraron que el rendimiento de los niños en esta tarea dependía de las demandas inhibitorias, y la contribución de las demandas mnésicas era mínima (Diamond, 2002).

Estos hallazgos indican que entre los tres y los cuatro años existe un progreso del proceso inhibitorio de respuestas dominantes cognitivas, motoras y de espera con contenido motivacional, y que después de los cuatro años, estas habilidades prácticamente se encuentran establecidas. Por esto se ha considerado el control inhibitorio como un proceso que permite el desarrollo adecuado de otras funciones ejecutivas (Barkley, 1997).

Flexibilidad cognitiva

El entorno se encuentra en constante cambio y nuestros esquemas mentales deber ser lo suficientemente flexibles para adaptarse a los cambios de cierto contexto. La flexibilidad cognitiva se refiere a la habilidad de cambiar entre sets de respuestas, aprender de los errores, cambiar a estrategias más efectivas y dividir la atención. Entre los déficits de este dominio se incluyen las respuestas perseverativas (Anderson, 2002).

De acuerdo con estudios de neuroimagen, se ha encontrado que el giro frontal medial se activa de manera selectiva ante tareas que involucran este proceso

(Konishi *et al.*, 2002). El éxito de los niños en tareas de flexibilidad depende en gran medida de la cantidad de dimensiones (color, forma, número) que contengan los estímulos a atender y el número de cambios que deban hacer entre tales dimensiones (Perner y Lang, 2002).

De los tres a los cinco años los niños manifiestan una importante mejoría en actividades de cambio de tarea que requieren un mantenimiento activo de la información e inhibición. Se ha sugerido que tal ejecución involucra en gran medida el funcionamiento de la corteza prefrontal dorsolateral, solo cuando el cambio de tarea supone el cambio del foco atencional a una dimensión diferente, pues esto implica el procesamiento de información novedosa y, por lo tanto, mayor concentración (Diamond, 2002). Estos cambios tienen implicaciones significativas en la conducta del niño, ya que le permiten formular y usar juegos de reglas más complejos para regular su conducta (Zelazo, 1996).

Establecimiento de metas y planeación

La planeación ha sido definida como la capacidad para llegar a metas u objetivos, ya sea a corto o a largo plazo, integrando y secuenciando de manera eficiente una serie de pasos que le permitan llegar a la meta deseada. De este modo, alcanzar una meta no solo implica la organización temporal del comportamiento y control de la secuencia adecuada de las operaciones mentales, sino también el mantenimiento de la representación del objetivo que se pretende lograr y los planes adecuados para hacerlo, anticipando necesidades y circunstancias. En el sistema nervioso central estos procesos han sido relacionados con la actividad de la corteza prefrontal dorsolateral (Baker *et al.*, 1996).

Si bien, hacia los tres años pueden observarse los primeros

indicios de regulación de la conducta a través de mecanismos internos, no es hasta los cuatro años cuando emerge la capacidad de evaluación y autorregulación de los propios procesos cognitivos (metacognición) (Kochanska y Aksan, 2006). El desarrollo y posterior consolidación de la metacognición, influye directamente en la habilidad del niño para resolver los problemas que se le plantean, como sucede en la torre de Londres (Shallice, 1982), test neuropsicológico utilizado en el estudio del desarrollo de la capacidad de planificación. En este test, el objetivo es mover unas bolas de una posición inicial a una final en un número determinado de movimientos. Existen doce problemas graduados en dificultad, donde los más fáciles requieren dos movimientos y los más difíciles cinco. Los niños de cuatro años pueden resolver problemas de dos movimientos, mientras que los de ocho años resuelven los de tres. Al igual que otros procesos ejecutivos, la capacidad de planificación y organización sigue un proceso de desarrollo que abarca un amplio período temporal, y alcanza niveles propios del adulto alrededor de los doce años (Luciana y Nelson, 2002).

Así, los niños de entre cuatro y ocho años, disminuyen progresivamente el número de movimientos que debe realizar para completar tareas como la Torre de Londres o la Torre de Hanoi (Atance y Jackson, 2009; Luciana y Nelson, 1998), gracias al incremento en la capacidad de formar representaciones mentales y su manipulación; además, durante este periodo pueden adquirir otras habilidades más complejas como secuenciar y organizar sus conductas para lograr metas y objetivos a corto y largo plazo (Diamond, 2002).

Diamond (2006) considera que a los cinco años ya se han desarrollado parcialmente tres componentes clave de las funciones ejecutivas: memoria de trabajo, inhibición y flexibilidad cognitiva. El primero implica monitorización, manipulación y actualización de información; el segundo, se refiere a la capacidad para inhibir de forma deliberada o controlada la producción de respuestas predominantes automáticas cuando la situación lo requiere; y el tercero, concierne la habilidad para cambiar de manera flexible entre distintas operaciones mentales o esquemas.

Estos tres componentes, claramente diferenciados, pero no independientes, tienen un desarrollo desigual. En la segunda mitad del primer año emergen formas simples de control inhibitorio. Alrededor del segundo año, una mayor capacidad de mantenimiento y manipulación de la información, en coordinación con la inhibición de respuestas, permite al niño imponer un relativo control cognitivo sobre su conducta. Antes del tercer año, gran parte de las habilidades básicas necesarias para realizar tareas ejecutivas ya han emergido. Y entre el tercer y quinto año, se produce un importante desarrollo de las habilidades cognitivas que constituyen el núcleo de las funciones ejecutivas, lo que permite al niño mantener, manipular y transformar información a fin de autorregular y adaptar su conducta a los cambios del entorno.

Procesamiento riesgo beneficio y toma de decisiones

Muchas de las preguntas que nos planteamos día a día no tienen una respuesta simple que pueda formularse de manera absoluta. Resulta evidente tener que hacer constantemente valoraciones sobre la presencia y probabilidad de ocurrencia de riesgos, beneficios y desventajas que conlleva la realización de un acto. Todos estos juicios involucran una carga afectiva que hemos adquirido con base en experiencias propias o ajenas, y por ende, somos capaces de hacer en cierta medida una anticipación de lo que sucedería en una u otra situación (Goldberg, 2001).

La corteza orbitofornta l juega un papel importante en este proceso, ya que, ha sido relacionada con los aspectos emocionales y motivacionales del comportamiento. Esta región de la corteza prefrontal participa en la detección de los cambios en las contingencias de reforzamiento, y de este modo, se modifican los planes de acción necesarios para adecuarse a los cambios del contexto de acuerdo con la relevancia afectiva de los reforzadores involucrados (Zelazo y Müller, 2002). En sujetos adultos sanos, el óptimo desempeño en esta función ha sido vinculado con la actividad de las redes neurales frontoestriatales, específicamente en la actividad de la amígdala, la corteza del cíngulo anterior y la corteza orbitofrontal (Bechara, Damasio y Damasio, 2000; Cohen, Heller y Ranganath, 2005; Windmann *et al.*, 2006).

Uno de los paradigmas más utilizados para evaluar la percepción costo-beneficio en adultos y que ha resultado sensible para detectar disfunciones en la zona orbitofrontal, es la tarea de Cartas de Iowa (IGT por sus siglas en inglés). Kerr y Zelazo (2004) adaptaron esta prueba para niños en edad preescolar y encontraron que los niños de cuatro años hacen más elecciones ventajosas en comparación con niños de tres años. Además, los niños de cuatro años muestran un aumento en su elección de cartas ventajosas conforme va avanzando la prueba. Por su parte, Garon y Moore (2004) encontraron que en niños de tres a seis años no hay un efecto de la edad sobre la elección de las cartas ventajosas, pero sí un efecto de este factor sobre la conciencia de los niños sobre cuáles son las mejores cartas, mostrando que los niños más grandes presentan una mayor conciencia. Estos datos indican que los niños pequeños aún no han desarrollado el proceso de toma de decisiones a partir de la percepción costo-beneficio, y que incluso los niños mayores presentan dificultades en el desempeño de la tarea al elegir más cartas desventajosas, aun cuando pueden reportar verbalmente qué cartas les dan más recompensas a largo plazo.

Numerosos estudios han indicado que los niños entre seis y doce años, realizan un mayor número de elecciones desventajosas que los adultos en el IGT (Crone y van der Molen, 2004; Crone, Vendel y van der Molen, 2003). Sin embargo, durante el transcurso de la adolescencia los sujetos mejoran su desempeño en esta tarea, es decir, adquieren la capacidad de reconocer las contingencias asociadas a sus elecciones y regulan su comportamiento conforme a estas. No obstante, el nivel de ejecución adulto se alcanza entre los dieciocho y veintidós años (Hooper, Luciana, Conklin y Yarger, 2004).

Estudios comparativos del rendimiento y actividad neural de infantes, adultos y adolescentes, han señalado que, en la toma de decisiones riesgosas, los adolescentes muestran un menor reclutamiento de las regiones de la corteza prefrontal asociadas al control cognitivo. Es decir, este grupo etario presenta una menor activación de la corteza prefrontal ventrolateral y de la corteza del cíngulo anterior (Eshel, Nelson, Blair, Pine y Ernst, 2007). Asimismo, en tareas donde existe una señalización del monto de recompensa, los adolescentes (doce-diecisiete años) muestran un incremento en la actividad del núcleo accumbens en los casos donde la magnitud del refuerzo es elevada (Galván *et al.*, 2006).

Tales resultados indican que el aumento en la propensión a realizar conductas riesgosas durante la adolescencia, podría residir en una mayor actividad de los circuitos límbico-estriados vinculados al sistema de recompensa. Asimismo, algunos autores han postulado que los cambios en la actividad hormonal durante este periodo, podrían ser la causa de las variaciones en la actividad neural de tales regiones (Nelson, Leibenluft, McClure y Pine, 2005).

A continuación, presentamos una tabla resumen con la función ejecutiva asociada al periodo de edad en el que se desarrolla.

Edad	Autor	Conclusión de la investigación	Función ejecutiva
1-6 meses	Reznick *et al.*, 2004	Si el bebé está jugando con un juguete y lo cubrimos con una toalla, para él éste deja de existir: no busca el juguete, y se comporta como si no existiera.	Memoria de trabajo
8 meses	Reznick *et al.*, 2004	Buscan un objeto escondido y lo recuperan. Se presenta una forma embrionaria de función ejecutiva: el bebé puede mantener en línea información que no se halla presente (representación del juguete y su ubicación espacial) para la consecución de un objetivo (levantar la toalla y recuperar el juguete).	Memoria de trabajo

Edad	Autor	Conclusión de la investigación	Función ejecutiva
8 meses	Diamond, 2002	Son capaces de inhibir una conducta placentera en el 40% de las ocasiones, este porcentaje aumenta sensiblemente a los 22 y 33 meses de edad (78 y 90% respectivamente)	Control inhibitorio
Entre 7 y 12 meses	Diamond, 2002	Resistencia a la demora. El aumento del período de resistencia a la demora en los bebés de entre 7 y 12 meses responde a una mayor capacidad para mantener información en línea.	Memoria de trabajo
12 meses	Kochanska, 2002	Emerge la habilidad de suprimir respuestas dominantes. La primera forma de inhibición observada en humanos es la capacidad del bebé para dejar de hacer una actividad placentera (p. ej., jugar con un peluche) frente a la demanda de un cuidador.	Control inhibitorio

Edad	Autor	Conclusión de la investigación	Función ejecutiva
Entre 15 a 30 meses	Diamond, 1997	La habilidad para manipular y transformar información. Tarea A-no B, ocultar y recuperar un juguete.	Memoria de trabajo
Entre 3 y 5 años	Garon *et al.*, 2008	Gradualmente el niño muestra mayor capacidad para orientarse hacia el futuro, así como para inhibir respuestas automáticas y respuestas asociadas a refuerzos.	Control inhibitorio
4 años	Zelazo *et al.*, 2003	El niño puede realizar cambios de regla clasificatoria.	Flexibilidad cognitiva
4 años	Kochanska *et al.*, 2006	Emerge la capacidad de evaluación y autorregulación de los propios procesos cognitivos (metacognición).	Planeación y establecimiento de metas

Tabla 1. Desarrollo de las funciones ejecutivas en cada uno de los periodos de edad (basado en García-Molina, Enseñat-Cantallops, Tirapu-Ustárroz y Roig-Rovira, 2009).

El estudio de las funciones ejecutivas ha sido abordado desde diversas perspectivas. En la última década, los resultados que señalan que las funciones ejecutivas se desarrollan durante la infancia tardía, han sido replanteados por hallazgos en estudios actuales. Estas investigaciones han propuesto que las bases de las funciones ejecutivas se encuentran presentes desde los primeros meses de vida. También, es importante resaltar el papel del adulto como mediador entre el ambiente y el niño; este ayuda en el aprendizaje del niño acerca del uso de los objetos y sus enormes posibilidades, asimismo plantea contextos y situaciones que estimulan el conocimiento del mundo, como relacionarse con él y que reglas se deben cumplir.

REFERENCIAS

Acredolo, L. (1977). Developmental changes in the ability to coordinate perspectives of a large-scale space. *Developmental Psychology*, 13(1), 1-8. https://psycnet.apa.org/record/1977-20797-001

Afifi, A., Jacoby, C., Bell, W., & Menezes, A. (1988). Aqueductal Stenosis and Neurofibromatosis: A Rare Association. *Journal of Child Neurology*, 3(2), 125-130.

Amiel-Tison, C., & Grenier, A. (1980). *Évaluation neurologique du nouveau-né et du nourrisson*. Paris: Masson.

Andersen, E., Dunkea, A., & Kekelis, L. (1984). Blind children's language: resolving some differences. *Journal of Child Language, 2*, 654- 664.

Anderson, P. (2002). Assessment and development of executive function (EF) during childhood. *Child Neuropsychology*, 8(2), 71-82.

Ashton-Miller, J., Wojtys, E., Huston, L., & Fry-Welch, D. (2001). Can proprioception really be improved by exercises? *Knee Surgery, Sports Traumatology, Arthroscopy: Official Journal of the Esska*, 9(3), 128-136. https://pubmed.ncbi.nlm.nih.gov/11420785/

Assaiante, C., Barlaam, F., Cignetti, F., & Vaugoyeau, M. (2014). Body schema building during childhood and adolescence: A neurosensory approach. *Clinical Neurophysiology*, 44, 3-12.

Atance, C., & Jackson., L. (2009). The development and coherence of future oriented behaviors during the preschool year. *Journal of Experimental Child Psychology*, 4, 379-391.

Ayres, A. & Mailloux, Z. (1981). Influence of sensory integration procedures on language development. The *American Journal of Occupational Therapy: official publication of the American Occupational Therapy Association*, 35(6), 383-390.

Ayres, A. (1972). *Sensory integration and learning disorders*. Los Angeles, CA: Western Psychological Services.

Baddeley, A. (2003). Working memory: looking back and looking forward. Nature Review *Neuroscience, 4*, 829-839.

Baker, S., Rogers, R., Owen, A., Frith, C., Dolan, R., Frackowiak, R., & Robbins, T. (1996). Neural systems engaged by planning: A PET study of the Tower of London task. *Neuropsychologia, 34*(6), 515-526.

Barraga, N. (1992). *Desarrollo senso-perceptivo.* Argentina: ICEUH.

Barraga, N. (1983). *Visual handicaps and Learning.* Texas: Exceptional Resources.

Barkley, R. (1997). Behavioral inhibition, sustained attention, and executive functions: constructing a unifying theory of ADHD. *Psychological Bulletin,* 121(1), 65-94.

Bates, E., Benigni, L., Bretherton, I., Camaioni, L., & Volterra, V. (1979). *Cognition* and communication from nine to thirteen months: correlational findings. En *The emergence of symbols, Cognition and communication in infancy,* (pp. 64-140). New York: Academic Press.

Bechara, A., Damasio, H., & Damasio, A. R. (2000). Emotion, decision making and the orbitofrontal cortex. *Cerebral Cortex, 10,* 295-307.

Benítez-Sillero, J., & Póveda-Leal, J. (2010). La propiocepción como contenido educativo en primaria y secundaria en educación física. *Revista Pedagógica ADAL,* 21, 24-28.

Bower, T. (1977). *A primer of infant development.* San Francisco: Fremean and Co.

Brandt, E. (2005). El sistema visual en lactantes y niños. *Imagen Óptica,* 7(7), 28-32.

Braddick, O. & Atkinson, J. (2011). Development of human visual function. *Vision Research,* 51, 1588-1609.

Brazelton, T. (1973). Neonatal Behavioral Assessment Scale Clinics. En Developmental Medicine. London: William Heinemann Medical Books.

Brownell, C., Svetlova, M., & Nichols, S. (2012). Early development of body representations. En *Development of vocabulary of body parts in young children in relation to understanding.* (pp. 37-58). Cambridge: Cambridge University Press.

Bushnell, M., Goldberg, M., & Robinson, D. (1981). Behavioral enhancement of visual responses in monkey cerebral cortex. I. Modulation in posterior parietal cortex related to selective visual attention. *Journal of Neurophysiology,* 46(4), 755-772.

Butterworth, G. (1981). The origins of auditory-visual perception and visual proprioception in human development. En *Intersensory Perception and Sensory Integration. Perception and Perceptual Development (A Critical Review Series).* Boston: Springer.

Capilla, A., Romero, D., Maestú, F., Campo, P., Fernández, F., González-Marqués, J., & Ortiz, T. (2004). Emergencia y desarrollo cerebral de las funciones ejecutivas. *Actas Españolas de Psiquiatría,* 32(6), 377-383.

Cardinali, P. (1992). *Manual de Neurofisiología.* España: Ediciones Díaz de Santos.

Carlson, S. (2005). Developmentally sensitive measures of executive function in preschool children. *Developmental Neuropsychology, 28*(2), 595-616.

Carrera, J. (2008). *Conducta fetal: estudio ecográfico de la neurología fetal.* España: Elsevier.

Cignetti, F., Chabeauti, P., Sveistrup, H., Vougoyeau, M., & Assaiante, C. (2013). Updating process of internal models of action as assessed from motor and postural strategies in children. *Neuroscience, 233,* 127–138.

Cohen, L., & Strauus, M. (1979). Concept acquisition in the human infant. Child Development, 0, 419-424. https://eprints.ucm.es/43301/1/La%20formacion%20de%20concep tos.pdf

Cohen, M., Heller, A., & Ranganath, C. (2005). Functional connectivity with anterior cingulate and orbitofrontal cortices during decision-making. *Brain* Research. *Cognitive Brain Research,* 23(1), 61-70.

Craig, G. & Baucum, D. (2009). *Desarrollo psicológico.* México: Pearson Educación.

Crone, E., & Van Der Molen, M. (2004). Developmental changes in real life decision making: Performance on a gambling task previously shown to depend on the ventromedial prefrontal cortex. *Developmental Neuropsychology,* 25, 251–279.

Crone, E., Vendel, I., & Van Der Molen, M. (2003). Decision making in disinhibited adolescents and adults: Insensitivity to future consequences or driven by immediate reward? *Personality and Individual Differences, 35,* 1625–1641.

Crook, C. (1978). Taste perception in the newborn infant. *Infant Behavior and Development,* 1, 52-69.

Decety, J., & Boisson, D. (1990). Effect of *Brain* and Spinal Cord Injuries on Motor Imagery. *European Archives of Psychiatry and Clinical Science,* 240, 39-43.

Del Rayo Flores Urbina, A., Galicia Isasmendi, S., & Ollyni Gómez Rivera, G. (2001). El sistema vestibular: aspectos generales y neurodesarrollo. En *Temas selectos de neurociencias II.* México: Universidad Autónoma Metropolitana.

Diamond, A. (1991). Neuropsychological insights into the meaning of object concept development. En *The epigenesis of mind: essays on biology and Cognition* (pp. 67-110). Hillsdale, NJ: Lawrence Erlbaum Associates, Inc.

Diamond, A. (2002). Normal development of prefrontal cortex from birth to young adulthood: Cognitive functions, anatomy, and biochemistry. En *Principles of frontal lobe function* (pp. 466-503). New York, NY: Oxford University Press.

Diamond, A. (2006). The early development of executive functions. En *Lifespan Cognition: mechanisms of change* (pp. 70-95). New York: Oxford University Press.

Diamond, A., & Doar, B. (1989). The performance of human infants on a measure of frontal cortex function, the delayed response task. *Developmental Psychobiology,* 22(3), 271-294.

Diamond, A., Prevor, M., Callender, G., & Druin, D. (1997). Prefrontal cortex cognitive deficits in children treated early and continuously for PKU. *Developmental Psychobiology*, 62(4), 1-208.

Eliasson, A., Forssberg, H., Ikuta, K., Appel, I., Westling, G., & Johansson, R. (1995). Development of human precision grip. Anticipatory and triggered grip actions during sudden loading. *Experimental Brain Research*, 106, 425-433.

Erberich, S., Panigrahy, A., Friedlich, P., Seri, I., Nelson, M., & Gilles, F. (2006). Somatosensory lateralization in the newborn *Brain. NeuroImage*, 29, 155–161.

Eshel, N., Nelson, E., Blair, R., Pine, D., & Ernst, M. (2007). Neural substrates of choice selection in adults and adolescents: Development of the ventrolateral prefrontal and anterior cingulate cortices. *Neuropsychologia, 45,* 1270–1279.

Federación Estatal de Asociaciones de Profesionales de Atención Temprana. GAT. (2010). *Guía del desarrollo infantil desde el nacimiento hasta los 6 años.* http://riberdis.cedd.net/bitstream/handle/11181/2993/185348.pdf?sequence=1

Feld, V. & Rodríguez, M. (2004). *NeuroPsicología del niño.* Luján, Argentina: Universidad Nacional de Luján.

Fernández-Pradas, D. (2009). El esquema corporal en niños y niñas. *Revista Digital. Innovación y experiencias educativas*, 14, 1- 14.

Flehmig, I. (1988). *Desarrollo normal del lactante y sus desviaciones: Diagnóstico y tratamiento tempranos.* Buenos Aires: Editorial Médica Panamericana

Friedman, S. (1972). Habituation and recovery of visual response in the alert human newborn. *Journal of Experimental Child Psychology, 13*(2), 339-349. https://www.sciencedirect.com/science/article/abs/pii/0022096572900951

Furth, H. (1969). *Piaget and Knowledge: Theoretical Foundation*, USA: Prentice-Hall.

Galvan, A., Hare, T., Parra, C., Penn, J., Voss, H., Glover, G., & Casey, B. (2006). Earlier development of the accumbens relative to orbitofrontal cortex might underlie risk-taking behavior in adolescents. *Journal of Neurociencia, 26*, 6885–6892.

García-Alix, A., Quero, J. (2012). *Evaluación neurológica del recién nacido.* Madrid: Ed. Díaz de Santos.

García-Molina, A., Enseñat-Cantallops, A., Tirapu-Ustárroz, J., & Roig-Rovira, T. (2009). Maduración de la corteza prefrontal y desarrollo de las funciones ejecutivas durante los primeros cinco años de vida. *Revista de Neurología, 48*(8), 435-440.

Garon, N., & Moore, C. (2004). Complex decision-making in early childhood. *Brain and Cognition,* 55, 158-170.

Garon, N., Bryson, S., & Smith, I. (2008). Executive function in preschoolers: a review using an integrative framework. *Psychological Bulletin, 134*(1), 31-60.

Garrido, G. (2005). La percepción táctil: consideraciones anatómicas, psico-fisiología y trastornos relacionados. *Revista de Especialidades Médico-Quirúrgicas, 10*(1), 8-15.

Gerstadt, C., Hong, Y., & Diamond, A. (1994). The relationship between *Cognition* and action: performance of children 3 1/2-7 years old on a Stroop like day-night test. *Cognition, 53*(2), 129-153.

Gesell, A., & Amatruda, C. (1947). *Developmental diagnosis: Normal and abnormal child development.* New York: Paul Hoeber.

Getman, G., Kane, E., Halgren, M., & McKee, G. (1964). *The physiology of readiness: an action program for the development of perception in children.* Minneapolis: Programs to Accelerate School Success.

Goldie, L., & Hopkins, I. (1964). Head turning towards diffuse light in the neurological examination of newborn infants. *Brain, 87,* 427-435.

Goldberg, E. (2001). *The executive Brain, frontal lobes and the civilized mind.* Nueva York: Oxford University Press.

Gómez-Andres, D., Pulido, I. & Fiz, P. (2015). Desarrollo neurológico normal del niño. *Pediatría Integral,* 19(9), 1-7. https://www.pediatriaintegral.es/publicacion2015-11/desarrollo-neurologico-normal-del-nino/

Gomez-Ramirez, M., Hysaj, K., & Niebur, E. (2016). Neural mechanisms of selective attention in the somatosensory system. *Journal of Neurophysiology, 116*, 1218-1231.

Gratacós, E. (2007). *Medicina fetal.* Madrid: Editorial Médica Panamericana

Grob, K., Kuster, M., Higgins, S., Lloyd, D., & Yata, H. (2002). Lack of correlation between different measurements of proprioception in the knee. *Journal of Bone and Joint Surgery, 84*(4), 614–618.

Guzman, L., & Castillo Sánchez Lara, A. (septiembre 2015). *Applying Ayres Sensory Integration in Psychology.* Trabajo presentado en el 4th European Congress of Sensory Integration. Birmingham, United Kingdom.

Haith, M., & Campos, J. (1977). Human infancy. *Annual Review of Psychology, 28,* 251-293.

Head, H., & Holmes, G. (1911). Sensory disturbances from cerebral lesions. *Brain, 34,* 102-254. https://academic.oup.com/*Brain*/article-abstract/34/2-3/102/326963

Hooper, C. Luciana, M., Conklin, H., & Yarger, R. (2004). Adolescents' performance on the iowa gambling task: Implications for the development of decision making and ventromedial prefrontal cortex. *Developmental Psychology, 40,* 1148–1158.

Hüppi, P., Warfield, S., Kikinis, R., Barnes, P., Zientara, G., Jolesz, F., Tsuji, M., & Volpe, J. (1998). Quantitative magnetic resonance imaging of brain development in premature and mature newborns. *Annals of Neurology, 43*(2), 224–235.

Huttenlocher, D. (1985). *Exploiting sequential phonetic constraints in recognizing spoken words.* Cambridge, Massachusetts: Massachusetts Institute of Technology.

Huttenlocher, P. & Dabholkar, A. (1997). Regional differences in synaptogenesis in human cerebral cortex. *The Journal of Comparative Neurology, 387*(2), 167-178.

Keogh, B., & Becker, L. (1973). Early detection of learning problems: questions, cautions, and guidelines. *Exceptional Children, 40*(1), 5-11.

Kerr, A., & Zelazo, P. (2004). Development of "Hot" executive function: The children's gambling task. *Brain and Cognition, 55*, 148-157.

Kochanska, G. (2002). Committed compliance, moral self, and internalization: a mediational model. Developmental Psychology, 38(3), 339-351.

Kochanska, G., & Aksan, N. (2006). Children's conscience and self-regulation. Journal of Personality, 74(6), 1587-1617.

Konishi, S., Hayashi, T., Uchida, I., Kikyo, H., Takahashi, E., & Miyashita, Y. (2002). Hemispheric asymmetry in human lateral prefrontal cortex during cognitive set shifting. *Proceedings of the National Academy of Sciences of the United States of America, 99*(11), 7803-7808.

Kostovic, I. & Rakic, P. (1990). Developmental history of the transient subplate zone in the visual and somatosensory cortex of the macaque monkey and human *Brain. The Journal of Comparative Neurology, 297*(3), 441-470.

Kostovic, I., Judas, M., Petanjek, Z., & Simic, G. (1995). Ontogenesis of goal- directed behavior: anatomo-functional considerations. *International Journal of Psychophysiology, 19*(2), 85- 102.

Learmonth, A. (2001). Toddlers' use of metric information and landmarks to reorient. *Journal of Experimental Child Psychology, 80,* 225-244.

Lebovici, S. (1960). Psychodrama as applied to adolescents. *The Journal of Child Psychology and Psychiatry, 1*(4), 298-305.

Leonhardt, M. (1992). *El bebé ciego. Primera atención. Un enfoque psicopedagógico.* Barcelona: Masson.

Lephart, S., & Fu, F. (2000). *Proprioception and neuromuscular control in joint stability.* Human Kinetics.

Lieberman, D., Giesbrecht, G., & Müller, U. (2007). Cognitive and emotional aspects of self- regulation in preschoolers. *Cognitive Development, 22,* 511-529.

Luciana, M. & Nelson, C. (1998). The functional emergence of prefrontally- guided working memory systems in four- to eight-year-old children. *Neuropsychologia, 36*(3), 273-293.

Luciana, M., & Nelson, C. (2002). Assessment of neuropsychological function through use of the Cambridge Neuropsychological Testing Automated Battery: performance in 4- to 12- year-old children. *Developmental Neuropsychology, 22*, 595- 624.

Macfarlane, A. (1975). Olfaction in the development of social preferences in the human neonate. *Ciba Foundation symposium,* 33, 103-117.

Maravita, A., & Iriki, A. (2004). Tools for the body (schema). *Cognitive Sciences, 8,* 79-86. https://www.sciencedirect.com/science/article/abs/pii/S1364661303 003450

Maravita, A., Spence, C., & Driver, J. (2003). Multisensory integration and the body schema: close to hand and within reach. *Current Biology, 13,* 531-539.

McBurney, D., & Collins, V. (1977). *Introduction to sensation/perception.* Estates United: Prentice Hall.

Millar, S. (1981). Crossmodal and intersensory perception in the blind. En *Intersensory Perception and Sensory Integration* (pp 281-314). New York: Academic Press.

Morasso, P., Casadio, M., Mohan, V., Rea, F., & Zenzeri, J. (2015). Revisiting the body- schema concept in the context of whole-body postural- focal dynamics. *Frontiers in Human Neuroscience, 9,* 1-16.

Morrone, M. & Concetta, D. (1986). Evidence for the existence and development of visual inhibition in humans. *Nature, 321*, 235- 237.

Mozas-Garde, M., & Pérez-Lerga, J. (julio, 2015). *Orientación espacial y desarrollo de las praxias del vestir en niños.* Trabajo presentado en el First International Congress on *Neuropsychology* in Internet. Uniting horizonts in *Neuropsychology.* https://www.researchgate.net/profile/Maria_Mozaz/publication/262 414736_Orientacion_ espacial_y_Desarrollo_de_las_praxias_del_vestir_en_ninos/links/5 5b89b7c08ae092e9658ac09/Orientacion-espacial-y-Desarrollo- de-las- praxias-del-vestir-en-ninos.pdf

Mrzljak, L., Uylings, H., Kostovic, I. & Van Eden, C. (1992). Prenatal development of neurons in the human prefrontal cortex. II. A quantitative Golgi study. *The Journal of Comparative Neurology, 316*(4), 485-496.

Nandi, R. & Luxon, L. (2008). Development and assessment of the vestibular system. *International Journal of Audiology, 47*(9), 566-577.

Nelson, E., Leibenluft, E., McClure, E., & Pine, D. (2005). The social re- orientation of adolescence: A neuroscience perspective on the process and its relation to psychopathology. *Psychological Medicine,* 35, 163–174.

Niklasson, M., Niklasson, I. & Norlander, T. (2010). Sensorimotor therapy: Physical and psychological regressions contribute to an improved kinesthetic and vestibular capacity in children and adolescents with motor difficulties and concentration problems. *Social Behavior and Personality: An international journal, 38*(3), 327-346.

Ogden J. (1985). Autotopagnosia: Occurrence in a patient without nominal aphasia and and with an intact ability to pint to parts of animals and objects. *Brain, 108,* 1009-1022.

Okado, N. (1981). Onset of synapse formation in the human spinal cord. *Journal of Comparative Neurology, 201,* 211–219.

Overman, W., Pate, B., Moore, K. & Peuster, A. (1996). Ontogeny of place learning in children as measured in the Radial Arm Maze, Morris Search Task, and Open Field Task. *Behavioral Neuroscience, 110*(6), 1205-1228. https://psycnet.apa.org/getdoi.cfm?doi=10.1037/0735-7044.110.6.1205

Peelen, M. & Downing, P. (2007). The neural basis of visual body perception. *Nature Reviews Neuroscience, 8,* 636-648.

Perner, J., & Lang, B. (2002). What causes 3-year-olds' difficulty on the dimensional change card sorting task? *Infant and Child Development, 11,* 93-105.

Piaget, J. (1973). *Estudios de psicología genética.* Buenos Aires: Emecé.

Piaget, J., & Inhelder, B. (1969). *Psicología del niño.* Madrid: Ediciones Morata.

Pinel, J. (2001). *Biopsicología.* 4ª ed. España: Prentice Hall.

Reed, C., & Farah, M. (1995). The psychological reality of the body schema - a test with normal participants. *Journal of Experimental Psychology Human Perception and Performance, 21*, 334-343.

Rees, S., Walker, D., & Jennings, E. (2010). Development of the somatosensory system. En *The Newborn Brain: Neuroscience and Clinical Applications* (pp. 129-146). Cambridge: Cambridge University Press.

Reynolds, G. (2015). Infant Visual Attention and Object Re*Cognition. Behavioural Brain Research,* 285, 1-10.

Reznick, J., Morrow, J., Goldman, B., & Snyder, J. (2004). The onset of working memory in infants. *Infancy, 6*(1), 145-154.

Romine, C., & Reynolds, C. (2005). A model of the development of frontal lobe functioning: findings from a meta-analysis. *Applied Neuropsychology, 12*(4), 190-201.

Schwoebel, J., & Coslett, H. (2005). Evidence for multiple distinct representations of the human body. *Journal of Cognitive Neuroscience, 17*(4), 543-553.

Semenza, C. (1988). Impairment in localization of body parts following *Brain-* damage. *Cortex, 24*(3), 443-449.

Semenza, C., & Goodglass, H. (1985). Localization of body parts in *Brain* injured subjects. *Neuropsychologia, 23*(2), 161-175.

Shallice, T. (1982). Specific impairments of planning. *Biological Sciences, 298(*1089), 199-209.

Shimamura, A. (2000). The role of the prefrontal cortex in dynamic filtering. *Psychobiology, 28*(2), 207-218.

Sirigu, A., Grafman, J., Bressler, K., & Sunderland, T. (1991). Multiple representations contribute to body knowledge processing: Evidence from a case of autotopagnosia. *Brain, 114*, 629–642.

Snell, R. (2007). *Neuroanatomía clínica.* Buenos Aires: Editorial Médica Panamericana

Vries, J., Visser, G., & Prechtl, H. (1982). The emergence of fetal behaviour. Qualitative aspects.

Early Human Development, 7, 301–322.

Wang, F. & Spelke, E. (2002). Human spatial representation: Insights from animals. *Trends in Cognitive Sciences, 6,* 376.

Weber, D., Friesen, R., & Miller, L. (2012) Interfacing the somatosensory system to restore touch and proprioception: essential considerations. *Journal of Motor Behavior, 44*(6), 403-418.

Windmann, S., Kirsch, P., Mier, D., Stark, R., Walter, B., Güntürkün, O., & Vaitl, D. (2006). On framing effects in decision making: linking lateral versus medial orbitofrontal cortex activation to choice outcome processing. *Journal of Cognitive Neuroscience, 18(*7), 1198-1211.

Zelazo, P. (1996). The Dimensional Change Card Sort (DCCS): A method of assessing executive function in children. *Nature Protocols, 1,* 297-301.

Zelazo, P., & Müller, U. (2002). Executive function in typical and atypical development. En *Handbook of childhood cognitive development,* (pp. 445-469). Oxford: Blackwell.

Zelazo, P., Müller, U., Frye, D., Marcovitch, S., Argitis, G., Boseovski, J., Chiang, J., Hongwanishkul, D., Schuster, B., & Sutherland, A. (2003). The development of executive function in early childhood. *Monographs of the Society for Research in Child Development, 68*(3), 127-137.

CAPÍTULO 2

DISPRAXIAS

Dentro de la comunidad científica y médica, generalmente la dispraxia del desarrollo es considerada como una dificultad en la organización, planeación y ejecución del movimiento y tiene un origen en el desarrollo más que adquirido (Gibbs, Appleton y Appleton, 2007). Schrager en 1986 plantea que la denominación de las alteraciones de las praxias es un problema controvertido debido a que, en general, la noción de lo que es una apraxia y una dispraxia no varía entre un adulto y un niño, más bien cambia en cuanto a su conceptualización patogénica. En neuropsicología, muchos términos reemplazan el prefijo *-a* por *-dis* para distinguir entre un desorden adquirido con uno del desarrollo, por lo que se ha usado el término dispraxia del desarrollo para describir a niños con movimientos anormales presumiblemente de causa congénita. Sin embargo, el significado varía de acuerdo con la orientación profesional (Steinman *et al.*, 2009).

I. Antecedentes del término dispraxia

En la literatura de neurología infantil se utilizaba el término apraxia y agnosia del desarrollo o síndrome dispraxia-disgnosia para referirse a los trastornos motores no atribuibles a debilidad, y por lo general como sinónimo del síndrome del "niño torpe" (Steinman *et al.*, 2009). En 1925, en Francia llamaban debilidad motora o síndrome psicomotor a la incapacidad motora en muchos niños con discapacidad. Posteriormente, se le denominó como "torpeza" anormal o apraxia del desarrollo el cual era uno de los desórdenes del desarrollo más comunes (Cermak, 1985).

En 1937, Orton fue el primero en aplicar el término apraxia a niños y al mismo tiempo utilizó el término apraxia del desarrollo o congénita como equivalente al término "torpeza", el cual incluye características como pobre habilidad motora gruesa y fina, poca cinestesia, dificultad en el balance, la marcha y para aprender nuevas secuencias de movimiento (Miyahara y Möbs, 1995). Además, Orton reconoce que los desórdenes en las praxias y las gnosias pueden resultar en una ejecución física torpe que no está asociada con disfunción piramidal, extrapiramidal y cerebelar (Cermak, 1985). Asimismo, propuso la existencia de dos tipos de apraxia del desarrollo: apraxia de tipo sensorial que es la incapacidad de entender el movimiento; y la apraxia de tipo motor que se refiere a la inhabilidad de ejecutar el movimiento a pesar de entenderlo (Miyahara y Möbs, 1995).

En la literatura no existe mucha documentación acerca de la dispraxia del desarrollo, sino hasta la década de 1960 cuando se publicaron investigaciones que abordaban el tema con estudios de caso (Cermak, 1985). Uno de estos fue el de Walton y colaboradores en 1962, quienes, basados en estudios de caso en niños, aplicaron el término agnosia para indicar lo que Orton llamaba apraxia de tipo sensorial. Aunque mencionan que existe una dificultad para distinguir entre apraxia y agnosia, ya que el proceso perceptual precede a la ejecución motora (Miyahara y Möbs, 1995).

Gubbay, Lesný y Iloeje en 1973 desarrollaron una prueba estandarizada para evaluar la ejecución motora y así poder identificar a los niños con "torpeza sin causa neurológica aparente". Sin embargo, la prueba era inespecífica debido a que no descartaba anormalidades en otros sistemas como el cerebelo y los ganglios basales (Steinman *et al.*, 2009). Gubbay en 1975 definió al niño dispráxico como "niño torpe" (*clumsy child*), quienes se caracterizaban por presentar alteración en su capacidad de ejecutar movimientos a pesar de mostrar inteligencia y examen neurológico normal. Asimismo, menciona que la praxis y la gnosia están estrechamente relacionadas debido a que la alteración en una causará alteración en la otra, ya que hay un daño en la integración o en la retroalimentación cinestésica (Cermak, 1985; Miyahara y Möbs, 1995).

Posteriormente, Ayres (1972a, b, c), utilizó el término dispraxia del desarrollo para niños que parecían torpes y presentaban problemas de aprendizaje, y definió el término como un desorden de la integración sensorial que interfiere con la capacidad de planear y ejecutar habilidades o tareas motoras no habituales. También, menciona que en la dispraxia del desarrollo los niños pueden tener cierto grado alto de habilidad en actividades específicas debido al entrenamiento y la práctica, pero cuando se requiere variación, la conducta motora se vuelve imprecisa y desorganizada (Cermak, 1985).

Existe una dificultad al tratar de definir la dispraxia debido a la variedad de términos utilizados en la literatura para describir a niños con problemas motores, algunos de los cuales son, dificultad del aprendizaje motor, disfunción perceptivo-motora, torpeza o síndrome del niño torpe, disfunción en la integración sensorial, retraso motor leve, trastorno del desarrollo de la coordinación (TDC), dispraxia del desarrollo o desorden de la coordinación motora (Monsalve-Robayo *et al.*, 2016; Steinman *et al.*, 2009; Vaivre-Douret, 2014). Comúnmente se utilizan los términos TDC y dispraxia de manera indistinguible para referirse a problemas de coordinación, aunque se prefiere el término TDC (Gibbs, Appleton y Appleton, 2007; Steinman *et al.*, 2009). El TDC se incluyó por primera vez en el DSM-III en 1987 y se aplicaba a niños con pobre coordinación motora de acuerdo con su edad, lo cual no es debido a desorden médico identificable e interfiere con actividades de la vida diaria y académica; faltando los supuestos clave de la definición tradicional de apraxia, identificando el desorden como un desorden de control motor y cognitivo (Monsalve-Robayo *et al.*, 2016; Steinman *et al.*, 2009). La dispraxia del desarrollo no tiene un estatus como desorden diagnosticable ni en el DSM-5 ni el CIE-10. A pesar de no tener una etiqueta de diagnóstico podría ser usada para referirse a un signo neurológico específico de alteración en la ejecución de movimientos aprendidos (Steinman *et al.*, 2009).

II. Definición de la dispraxia

La dispraxia es un desorden congénito o del desarrollo que involucra dificultad en el aprendizaje o la ejecución de acciones motoras complejas de acuerdo con la edad (Vaivre-Douret, 2014). Los niños con esta alteración presentan problemas en la organización de las secuencias motrices necesarias para producir movimientos intencionales (Dewey, 1995; Schrager, 1986). La dispraxia es un desorden heterogéneo marcado por dificultades severas en dominios motores y no motores, en ausencia de déficits neurológicos claros (Miyahara y Möbs, 1995; Vaivre-Douret, 2014). Vaivre-Douret (2014) menciona que la dispraxia no es una versión simple de la apraxia en el adulto, en esta última se observan dificultades en la planeación y ejecución de movimientos aprendidos, como resultado de daño cerebral en el lóbulo parietal izquierdo, la corteza premotora, el área motora suplementaria o la corteza frontal (Miyahara y Möbs, 1995; Vaivre-Douret, 2014). Se propone que en la apraxia existe un deterioro de los circuitos que coordinan la programación de los movimientos secuenciales con el objetivo de cumplir una acción, es decir, es la desorganización de la programación de movimientos debido a un proceso de daño que tiene varias causas (Dewey, 1995; Schrager, 1986).

Al respecto de la definición de dispraxia, Dewey (1995) propone la dispraxia del desarrollo como un trastorno de la ejecución gestual, lo cual deriva en un déficit en la ejecución de gestos de representación (gestos relacionados con el significado de los actos como mover la mano para decir adiós), gestos no representativos (gestos relacionados a actos sin significado como imitar posturas) y secuencias de gestos (combinaciones de gestos que resultan en la realización de una secuencia de acción como untar mantequilla en una pieza de pan). El cual se presenta en niños con habilidades motoras básicas intactas y sin una lesión identificable.

III. Etiología

En niños, la etiología es desconocida y parece estar relacionada con un proceso de inmadurez en el desarrollo del sistema nervioso central. Sin embargo, no hay un consenso; se han sugerido diversas causas como prematuridad, alteración en la integración sensorial, anoxia, alteración en las conexiones intra e inter-hemisféricas, disfunción parietal, entre otras (Vaivre-Douret, 2014).

Miyahara y Möbs (1995) mencionan que la diferencia entre apraxia y dispraxia radica en su etiología, síntomas y posibles mecanismos neurológicos. Aunque las causas de la apraxia se deben a un daño en el cerebro, las causas de la dispraxia del desarrollo no han sido claramente identificadas (Miyahara y Möbs,

1995). También se ha reportado que, a pesar de las similitudes en la sintomatología entre adultos y niños, no implica que el origen de la alteración sea similar (Cermak, 1985). Aunque se propone que la dispraxia del desarrollo puede ser consecuencia de perturbaciones en el desarrollo prenatal, perinatal o neonatal (Dewey, 1995; Schrager, 1986). Como resultado, estos niños no tienen los mecanismos neurológicos subyacentes necesarios para el desarrollo normal de habilidades motoras. Además, no presentan un patrón identificable de lesión asociado con el déficit en las praxias (Dewey, 1993).

Una de las propuestas es que los niños con dispraxia presentan problemas de integración sensorial, es decir, tienen dificultades en la organización de la información que reciben de los sistemas sensoriales sobre la interacción de su cuerpo con el medioambiente; es decir, tienen dificultad en dar sentido a la información recibida de los sentidos de la vista, la audición, el olfato, el tacto, el gusto, el sistema propioceptivo y el sistema vestibular. La integración sensorial pobre puede significar que algunos niños dispráxicos presenten hiperreactividad a ruidos o a diferentes texturas. Además, algunos pueden no ser capaces de realizar ciertos movimientos a menos que ellos puedan observar su cuerpo mientras lo hacen, por ejemplo, pueden extender su brazo enfrente de ellos y luego tocarse la nariz con el dedo, pero no pueden hacer lo mismo si tienen los ojos cerrados (Boon, 2010).

Ajuriaguerra y Stamback (1969) mencionan como origen de los trastornos dispráxicos del desarrollo, la presencia de una desorganización espacial y temporal del acto motor, debida a i) incapacidad para adaptar los movimientos voluntarios a la estructura de los objetos, y/o ii) a la imposibilidad de integrar los movimientos con respecto al propio esquema corporal. Es decir, en general los trastornos dispráxicos se deben a una desorganización en cuanto al uso del espacio personal o corporal, y el espacio medio-ambiental (exterior).

IV. Problemas derivados de las dificultades motoras en un niño dispráxico

Se ha descrito que los niños con dispraxia presentan de manera secundaria una amplia variedad de problemas motores que afectan la ejecución de habilidades motoras, el habla, la escritura, y actividades de la vida diaria, entre otras (Boon, 2010). Asimismo, se han reportado otras dificultades derivadas de las dispraxias. En el aspecto social y emocional, se ha descrito que los niños con dispraxia pueden presentar problemas para hacer amigos, debido a su incapacidad para correr, trepar, saltar y participar en juegos motores con sus compañeros (Nikoghosyan-Bossen y Hoffmann, 2018), así como incapacidad para relacionarse con otros niños debido a las dificultades en la dispraxia verbal (Boon, 2010). Esto puede ocasionar que sus pares los ignoren o se burlen generando en los niños dispráxicos sentimientos de inutilidad y aislamiento (Boon, 2010; Cermak, 1985).

Los niños dispráxicos a menudo tienen un umbral de frustración bajo y baja autoestima como resultado de su incapacidad para realizar actividades motoras básicas (Nikoghosyan-Bossen y Hoffmann, 2018). También se caracterizan por ser quejumbrosos, manipuladores y algo negativos, posiblemente como una reacción al fracaso. Asimismo, se ha observado que presentan una reacción excesiva al miedo o a ciertos tipos de estimulación vestibular debido a un déficit en el procesamiento vestibular (Cermak, 1985).

También se ha descrito que los niños con dispraxia del desarrollo presentan problemas de aprendizaje debido a sus dificultades en lectura, ortografía y matemáticas, lo cual puede ser consecuencia de las pobres habilidades visoperceptuales y las alteraciones en habilidades motoras finas (Boon, 2010; Cermak, 1985; Nikoghosyan-Bossen y Hoffmann, 2018). Además, estos niños pueden encontrar complicado seguir instrucciones complejas en la escuela, y, por lo tanto, ser identificados como desatentos o descuidados (Boon, 2010).

V. Una propuesta de clasificación de la dispraxia en niños

Dentro del grupo de niños diagnosticados con dispraxia, se ha planteado que presentan problemas heterogéneos que afectan desde movimientos controlados de las extremidades y movimientos oculares, hasta funciones como el habla y funciones orofaciales como chupar, masticar y tragar (Dewey, 1995; Nikoghosyan-Bossen y Hoffmann, 2018; Printz, Mehlum y Nikoghosyan-Bossen, 2018).

No es bien conocido si la clasificación de las apraxias en el adulto se puede aplicar a los niños, debido a la dificultad en la diferenciación del origen de los problemas motores (Sanger, 2003). Además, la falta de especificidad dificulta la comprensión de los diferentes mecanismos y procesos que subyacen el trastorno y la interacción entre ellos. Por lo tanto, la heterogeneidad de los casos hace que parezca un trastorno sin una definición clínica clara, y sin síntomas o signos específicos. En algunos estudios se ha intentado hacer una distinción o clasificación de este grupo (Vaivre-Douret *et al.*, 2011), y se han descrito algunos tipos de dispraxia (Boon, 2010). Sin embargo, se han encontrado inconsistencias en las clasificaciones debido a las diferencias metodológicas (Vaivre-Douret *et al.*, 2011). Es así como, presentamos una propuesta de clasificación de las dispraxias de acuerdo con los trastornos observados en los niños.

Dispraxia verbal

La dispraxia verbal o del habla, es un desorden de la planeación y/o programación motora, en el cual se ve afectada la precisión y consistencia de los movimientos que subyacen el habla, en ausencia de alteraciones en la musculatura oral (Asociación Americana del Habla-Lenguaje-Audición (ASHA por sus siglas en inglés), s.f.; Cermak, 1985; Gillon y Moriarty, 2007; Nikoghosyan-Bossen y Hoffmann, 2018). Provoca un habla poco clara o difícil de entender (Boon, 2010), caracterizada por errores inconsistentes en consonantes y vocales, en producciones repetidas de sílabas o palabras, transiciones coarticulatorias alargadas e interrumpidas entre sonidos y sílabas, y prosodia inapropiada, especialmente en la realización de acentuación léxica o de frases (Murray, McCabe y Ballard, 2014). En algunas ocasiones el niño puede tener dificultades al producir sonidos o ser capaz de producirlos algunas veces, pero otras no; puede resultarle más complicado el habla repetida que cuando lo hace de manera espontánea e incluso puede mostrar mayor dificultad para producir la palabra adecuada en el tiempo y orden correcto (Boon, 2010).

La dispraxia verbal perturba los movimientos voluntarios involucrados en el habla. Por lo tanto, se encuentra comprometida la capacidad controlada y coordinada de los grupos musculares que permiten movimientos articulatorios rápidos y precisos de los labios, la lengua, el paladar blando y la mandíbula (Printz, Mehlum y Nikoghosyan-Bossen, 2018; Schrager, 1986). Asimismo, se observa pobre control de la lengua y la postura de los labios, y lenta tasa de articulación de fonemas (Gillon y Moriarty, 2007). En el tipo aislado, las habilidades motoras orales no relacionadas con el habla como la masticación y deglución se encuentran intactas (Printz, Mehlum y Nikoghosyan-Bossen, 2018). En cambio, en algunos casos se presentan desórdenes práxicos concomitantes como, alteraciones en gestos manuales, tareas construccionales y dispraxia oral (Aram y Horwitz, 1983).

También, se reporta que los niños con dispraxia verbal corren el riesgo de presentar retraso en el desarrollo del lenguaje, debido a que en adultos las lesiones del hemisferio izquierdo se han asociado con alteraciones en el lenguaje y praxias, se sugiere que un proceso similar pudiera estar ocurriendo en los niños dispráxicos (Dewey y Kaplan, 1994). Entre las alteraciones que se han descrito se encuentran problemas de lenguaje expresivo como confusión en el orden de las palabras y errores gramaticales, problemas de lectura, ortografía y escritura, y dificultades en la pragmática (ASHA, s.f.; Nikoghosyan-Bossen y Hoffmann, 2018).

Los niños con dispraxia verbal tienen un mayor riesgo de presentar dificultades en la conciencia fonológica, es decir, la conciencia de la estructura sonora de las palabras habladas, la cual es importante para la adquisición de la lectura y el desarrollo de una ortografía exitosa. Debido a que la lectura es un proceso interactivo donde se integra información de aspectos semánticos, morfológicos, fonológicos y sintaxis, para ayudarse a acceder al significado de las palabras impresas, el daño en estos dominios lingüísticos restringe el reconocimiento de palabras y el desarrollo de la comprensión de la lectura, lo cual pone a los niños con dispraxia verbal en un riesgo significativo para dificultades en años escolares posteriores. Además, los niños que experimentan problemas de lectura en etapas tempranas tienen menos probabilidades de participar en actividades de alfabetización, limitando la cantidad de práctica de lectura y la exposición a nuevo vocabulario y estructuras sintácticas. Esto puede impactar de manera negativa en el desarrollo fonológico, semántico y sintáctico, y subsecuentemente en la lectura y escritura (Gillon y Moriarty, 2007). De igual forma, se ha reportado que algunos niños con dispraxia verbal y nivel de inteligencia no verbal normal (IQ mayor a 80), presentan dificultades en tareas de secuencia verbal, no así en tareas de secuencia no verbal (Aram y Horwitz, 1983).

Dispraxia oral

La dispraxia oral causa dificultades en los movimientos orofaciales no relacionados con el habla, como la función de succión, masticación y deglución. Se manifiesta como una falta de coordinación de los movimientos que se llevan a cabo a voluntad o bajo demanda, en contraste con movimientos espontáneos como silbar, hacer ruidos, hinchar las mejillas, lamer la boca o mover la lengua hacia distintas direcciones. En la infancia, un niño con dispraxia oral primero desarrolla dificultades para comer, en la transición a la comida de mesa, similar al momento en que disminuye el reflejo de succión. Durante la alimentación, el niño puede presentar problemas para mover la comida de lado a lado, lo que dificulta la masticación y la deglución. Además, se puede observar deterioro en la limpieza de la cavidad bucal, quedando residuos de alimentos en la boca y la faringe (Printz, Mehlum y Nikoghosyan-Bossen, 2018).

En adultos se ha sugerido que existe una relación entre los desórdenes de las praxias de las extremidades y de las praxias orales, e incluso se han planteado dos modelos: un modelo unitario que plantea la apraxia como un desorden con mecanismos subyacentes similares para cada tipo (Roy & Square, 1985; Square-Storer 1989); y un segundo modelo que sugiere que hay dos sistemas de praxias: uno para la planeación y control de los gestos de las extremidades y un segundo para la planeación y control de movimientos orofaciales (Raade, Rothi & Heilman, 1991). En niños se ha tratado de caracterizar la existencia de alguno de estos modelos y se ha encontrado que niños de entre seis y diez años, con déficits motores del desarrollo, presentan dificultades en la ejecución de gestos transitivos e intransitivos de las extremidades y en gestos orofaciales, al comando verbal y en imitación. También, la ejecución correcta de gestos de las extremidades y orofaciales incrementa de manera lineal con la edad, lo cual apoya la idea de un mecanismo unitario. Sin embargo, no proporciona un claro entendimiento de cómo es el déficit del mecanismo. Además, reportan que los niños con problemas motores presentan más errores que los niños control, y estos errores representan patrones similares a los observados en niños más pequeños (Dewey, 1993)

Dispraxia oculomotora

En la dispraxia del desarrollo algunos casos presentan alteraciones en movimientos sacádicos, movimientos muy rápidos y coordinados que realizan los ojos, los cuales permiten cambiar la atención visual de un objeto a otro de manera rápida y precisa para no perturbar la agudeza visual (Gaymard *et al.*, 2017; Rodríguez-Labrada y Velázquez-Pérez, 2013). Estos movimientos pueden ser reflejos o voluntarios, entre estos últimos se encuentran los que son a la orden, predictivos, memorizados y antisácadas (se pide a la persona un movimiento sacádico contrario al estímulo) (Rodríguez-Labrada y Velázquez-Pérez, 2013). Estos movimientos son controlados por estructuras y redes neurales que involucran estructuras corticales y subcorticales, entre las que se encuentran áreas frontales y parietales, ganglios basales, colículos superiores, el cerebelo y el tronco cerebral Gaymard *et al.*, 2017; Rodríguez-Labrada y Velázquez-Pérez, 2013). En un estudio realizado con adolescentes con dispraxia del desarrollo se observó una dinámica de movimientos sacádicos anormales; aumento en la latencia de movimientos sacádicos guiados por la memoria (movimiento hacia la posición donde previamente estuvo un estímulo), asociada con la inactivación del campo ocular frontal; así como un incremento de errores en tareas antisácadas, relacionado con un decremento en la capacidad para cancelar reflejos sacádicos, otro síntoma adscrito a la afectación de la corteza prefrontal dorsolateral. Asimismo, se observaron signos de disfunción cerebelar, ya que el grupo con dispraxia del desarrollo mostró problemas en dismetrías sacádicas, es decir, en la precisión de los movimientos oculares. Además, en tareas de movimientos sacádicos guiados visualmente presentaron sácadas hipométricas (movimientos que no alcanzan la amplitud deseada) e hipermétricas (movimientos que superan la posición ocular deseada) entremezcladas (Gaymard *et al.*, 2017).

Dispraxia de la marcha

En la dispraxia de la marcha se encuentra una dificultad en la capacidad de usar las piernas correctamente al caminar, en ausencia de deterioro sensorial, debilidad, falta de coordinación u otra explicación aparente (Campbell y Barohn, 2020). Los niños con dispraxia a menudo muestran torpeza, es decir, se caen excesivamente, usualmente chocan con las cosas o las tiran y tienen un número mayor de golpes de lo usual (Cermak, 1985). Además, presentan alteraciones en habilidades motoras gruesas, como aprender a andar en bicicleta, saltar la cuerda, escalar por cuerdas, subir escaleras e incluso al caminar a lo largo de una línea (Boon, 2010; Cermak, 1985).

La dispraxia puede presentarse junto con otras alteraciones del desarrollo como el autismo. Se ha encontrado que niños con trastorno del espectro autista presentan deficiencias motoras como pobre control de la postura, daño en la coordinación bilateral y lentitud en movimientos para algunas acciones como la marcha simple y compleja (Kaur *et al.*, 2018). También, se ha reportado que, en comparación con niños control, muestran mayor dificultad al caminar sobre una línea recta, la duración de la zancada es variable y la regularidad está reducida, así como la longitud y la velocidad. Asimismo, se han observado anormalidades en la postura de la cabeza y el tronco (Rinehart *et al.*, 2006). Se ha sugerido que la amplia variedad de alteraciones motoras en la marcha, la postura, la coordinación y las praxias, en población con trastorno del espectro autista, se encuentran asociadas con una conectividad cerebral anormal entre estructuras corticales como la corteza frontal y parietal, y estructuras subcorticales como los ganglios basales y el cerebelo (Kaur *et al.*, 2018). Además, se ha observado que niños con dispraxia muestran lentitud para alcanzar los hitos de desarrollo esperados, como sentarse de manera independiente o en vez de gatear "arrastran los pies" (Dyspraxia Foundation, s.f.).

Dispraxia de miembros

De acuerdo con investigaciones y lo reportado por los padres, se ha descrito que los niños con dispraxia presentan alteraciones en actividades que requieren el uso de las extremidades como atrapar, lanzar y patear una pelota (Boon, 2010; Cermak, 1985). Asimismo, se ha reportado que presentan dificultades en habilidades motoras finas y por lo general evitan tareas que requieren una buena destreza manual (Dyspraxia Foundation, s.f.).

En los niños con dispraxia del desarrollo se muestran

alteraciones en la ejecución de gestos transitivos (implican la utilización de un objeto o herramienta) a través de diferentes modalidades: en imitación (reproducción del gesto realizado por el investigador), con apoyo del sistema visual y táctil (involucra la utilización de objetos), con apoyo del sistema visual (realiza el gesto o mímica del uso del objeto visto), y a la orden verbal (ejecuta un gesto a comando verbal). Sin embargo, estas alteraciones se hacen menos evidentes conforme avanza la edad, excepto en la modalidad verbal (Zoia *et al.*, 2002). De igual forma, en niños de entre cinco y doce años con autismo, se ha encontrado que tienen dificultad en la ejecución de secuencias en imitación, en la coordinación simultánea de miembros superiores e inferiores durante tareas rítmicas, y tiempos de finalización de las praxias más largos, en comparación con niños sin autismo (Kaur *et al.*, 2018).

Dispraxia del control de esfínteres

El desarrollo del control voluntario de la micción comienza alrededor de los dos años, y la mayoría de los niños adquiere el control completo durante el día y la noche alrededor de los cuatro años (Esposito *et al.*, 2013). Se propone que las dificultades en la continencia y estreñimiento en niños, puede estar asociada con trastornos que no siempre son reconocidos en primera instancia como la dispraxia, dificultades en el aprendizaje, trastornos del espectro autista, entre otros (Price y Butler, 2001). Además, estos niños presentan una mayor incidencia de torpeza motora fina y gruesa, alteraciones en la percepción espacial y visomotora, defectos del habla y la coordinación, trastorno por déficit de atención y retraso en hitos de desarrollo. Al respecto, niños con enuresis nocturna monosintomática primaria muestran mayor prevalencia en problemas de coordinación motora gruesa y fina, y alteración en la integración visomotora en comparación con niños control (Esposito *et al.*, 2013).

Dispraxia constructiva

En la dispraxia constructiva se observan dificultades en la integración visual-motora y visual-espacial. Los niños muestran alteraciones motoras y espaciales en acciones que requieren la manipulación de objetos como recortar con tijeras o construcción de figuras con bloques (Boon, 2010; Cermak, 1985), así como problemas en aritmética, en tareas de construcción espacial-visual y en la escritura a mano (Vaivre-Douret *et al.*, 2011).

Dispraxia agráfica

Los niños con dispraxia agráfica muestran incompetencia en el trazo al escribir, dibujar o colorear, asimismo presentan dificultades al sostener plumas o lápices, debido a un pobre control motor y desorientación espacial (Boon, 2010; Cermak, 1985; Nikoghosyan-Bossen y Hoffmann, 2018). En la escritura se pueden presentar problemas asociados a la legibilidad del trazo, al movimiento que genera el trazo, o ambos. Con respecto a la legibilidad, varios factores pueden estar implicados como la falla al respetar el tamaño relativo de los trazos componentes de las letras, tener un número incorrecto de trazos (faltas o trazos adicionales) o una orientación o curvatura incorrecta de estos. También, puede verse afectado el espacio que se deja entre palabras o letras (demasiado separados o superpuestos) o la altura de estas. Así como, una alteración en la escritura en línea recta o en el margen. En cuanto al movimiento que genera el trazo, pueden estar involucrados problemas de la postura de la mano al escribir, la fuerza de agarre y la inclinación del lápiz, velocidad media incorrecta (demasiado rápida o lenta), o movimientos de gran tamaño correspondientes a la macrografía (Biotteau *et al.*, 2019).

Dispraxia del vestido

En la dispraxia del vestido los niños presentan déficits en el esquema corporal, evidenciado en la dificultad al vestirse, ya que esta actividad puede ser difícil o imposible porque implica el uso de cierres, botones y cordones (Boon, 2010; Cermak, 1985). Además, se ha observado que muestran dificultades en varios aspectos de la vida diaria como agarrar la cuchara o el tenedor, estar limpio o problemas al abrir contenedores como el de la leche; aunque los hitos del desarrollo como sentarse, gatear, y caminar en general se encuentran dentro de los límites normales (Cermak, 1985; Nikoghosyan-Bossen y Hoffmann, 2018).

Somatodispraxia

El término somatodispraxia fue propuesto por Jean Ayres para describir a los niños que presentaban alteraciones en la función motora asociada a dificultades en la integración sensorial, es decir, dificultades en la organización de la información recibida de los sistemas sensoriales, la propiocepción y el sistema vestibular (Boon, 2010). Estos niños pueden mostrar problemas en la percepción táctil, por lo que, tienen dificultad en la experiencia e interpretación de cualidades espaciales y temporales provenientes de información recibida por el sentido del tacto (Cermak, 1985). Asimismo, pueden ser hipersensibles a ruidos y texturas, y no ser capaces de ejecutar ciertos movimientos a menos que puedan observar la parte del cuerpo moviéndose (Boon, 2010).

Asimismo, se ha encontrado que niños de entre cinco y diez años con dispraxia, que presentan dificultades en la producción de gestos a través de diferentes inputs sensoriales, muestra alteración en la integración de información derivada de diferentes sistemas sensoriales (oído, cinestésico, tacto, visión) para convertirlo en una representación motora estable. Sin embargo, este déficit sensoriomotor no puede explicar enteramente la dificultad en la función motora, debido a que esta es determinada por la interacción de estructuras corticales y subcorticales (Zoia *et al.*, 2002).

Dispraxia ideomotora e ideacional

En adultos se distingue entre apraxia ideacional e ideomotora. La primera se caracteriza por una ejecución alterada en la secuencia lógica de gestos, sin embargo, los elementos individuales de la secuencia los ejecutan correctamente. Mientras que la apraxia ideomotora se refiere a la perturbación de gestos aislados, pero el conocimiento del plan de acción permanece conservado. Estos pacientes muestran una mejor ejecución para gestos de imitación y uso de objetos en comparación con la orden verbal (Dewey, 1995).

Cermak (1985) observó que la conceptualización que se tenía de las apraxias en el adulto se podía aplicar a los niños, ya que en la práctica clínica se distinguían niños con diferentes problemas motores. Algunos niños mostraban déficits en la planeación motora, es decir, parecía que tenían un problema general en la organización y planeación para ejecutar la tarea, lo cual coincide con la descripción de apraxia ideacional. Mientras que otros niños presentaban problemas en la coordinación o ejecución de tareas motoras, estos conocían el plan para ejecutar la tarea, pero parecían torpes al realizarla, este patrón es consistente con lo que se describe en la literatura sobre apraxia ideomotora (Cermak, 1985; Dewey, 1995).

Debido a la heterogeneidad de las características de los niños con problemas motores del desarrollo, se han publicado estudios para intentar identificar estos casos. Uno de los primeros estudios es de Dewey y Kaplan (1994) quienes evaluaron a niños de entre seis y diez años en diferentes aspectos motores y cognitivos. Mediante un análisis de conglomerados, encontraron que los niños referidos presentaban características similares a las observadas en la apraxia ideomotora e ideatoria.

- Un grupo con déficits en equilibrio, coordinación, ejecución gestual y secuencia motora, el cual concuerda con las características de la **apraxia ideacional**. Además, muestran alteraciones en la ejecución de movimientos repetitivos y alternantes de las extremidades, tareas de aritmética, lectura, ortografía y percepción visual, en comparación con los demás grupos.
- Un grupo con alteraciones en equilibrio, coordinación y ejecución gestual. Este grupo muestra déficits relacionados con las características descritas para la **apraxia ideomotora.** Asimismo, presentaron una ejecución lenta en tareas de sucesión de oposición de dedo, aritmética y habilidades visomotoras con la mano dominante y no dominante.
- Niños con **déficits en la secuencia motora**, ejecución lenta en la sucesión de oposición de dedo dominante y no dominante en las extremidades superiores e inferiores. Además de dificultades en aritmética y déficits en vocabulario y habilidades visomotoras en la mano dominante y no dominante.

En un estudio realizado por Vaivre-Douret et al. (2011), se encontró que algunos niños con dispraxia del desarrollo muestran características similares a la dispraxia ideomotora, debido a que presentan desórdenes en el gateo, en la imitación de gestos, en la praxia y gnosis digital, lentitud práxica, dificultades en el equilibrio dinámico, en la integración espacial del cuerpo y la escritura a mano (no disgrafia), además de hipotonía y anormalidades en el tono muscular. Asimismo, un subgrupo de niños con estas alteraciones presentó problemas en tareas de percepción visual-espacial, visual-constructiva y en la coordinación motora de las extremidades.

La dispraxia es un trastorno del desarrollo asociado a dificultades en la organización de la información sensorial sobre la interacción del cuerpo con el medioambiente, a la imposibilidad de integrar los movimientos con respecto al propio esquema corporal, y a la dificultad en la organización, planeación y ejecución de secuencias motoras para la producción de movimientos intencionales. La etiología del trastorno no es clara debido a que se ha asociado con la perturbación de diversos factores como, maduración del sistema nervioso central, prematuridad, alteración en la integración sensorial, entre otros. Algunos autores han reportado diferentes manifestaciones de la dispraxia e incluso han intentado hacer una clasificación de esta; no obstante, no hay una conclusión al respecto. Es así como, en este artículo se propone una clasificación de la dispraxia en niños, de acuerdo con lo reportado en la literatura.

Dispraxia	Descripción
Dispraxia verbal	Alteración en la planeación motora que afecta la precisión y consistencia de los movimientos involucrados en el habla, en ausencia de alteraciones en la musculatura oral.
Dispraxia oral	Dificultad en la producción de movimientos orofaciales no relacionados con el habla, como la succión, masticación y deglución.

Dispraxia	Descripción
Dispraxia oculomotora	Alteración en los movimientos sacádicos de los ojos (movimientos muy rápidos y coordinados) que permiten la agudeza visual.
Dispraxia de la marcha	Dificultad en la capacidad de usar correctamente las extremidades inferiores al caminar, en ausencia de deterioro sensorial, debilidad, falta de coordinación u otra explicación aparente.
Dispraxia de las extremidades	Dificultad en la ejecución de acciones que requieren el uso de las extremidades, así como alteración en habilidades motoras finas.
Dispraxia del control de esfínteres	Dificultad en la continencia y estreñimiento asociada a condiciones como la dispraxia.
Dispraxia constructiva	Alteración en la integración visual-motora y visual-espacial, reflejada en la realización de acciones motoras espaciales como, recortar con tijeras y la construcción con bloques.
Dispraxia agráfica	Dificultad en la producción del trazo al escribir o dibujar debido a un pobre control motor y desorientación espacial.
Dispraxia del vestido	Déficits en el esquema corporal que impactan en actividades cotidianas como vestirse, agarrar objetos correctamente o abrir contenedores.
Somatodispraxia	Alteración en la función motora, asociada a dificultades en la organización e interpretación de la información sensorial con respecto al propio esquema corporal, y para su interacción con el medio ambiente.
Dispraxia ideomotora e ideacional	Ideomotora: alteración de gestos aislados. Ideacional: ejecución alterada en la secuencia lógica de gestos.

Tabla 1. Una propuesta de clasificación de las dispraxias en niños.

Referencias

Ajuriaguerra J. & Stamback, M. (1969). Apraxias. *Handbook of Neurology,* (pp. 433), Amsterdam: North Holland Pub.

Aram, D. & Horwitz, S. (1983). Sequential and Non-speech Praxic Abilities in Developmental Verbal Apraxia. *Developmental Medicine & Child Neurology, 25*(2), 197–206. https://pubmed.ncbi.nlm.nih.gov/6852384/

Asociación Americana del Habla-Lenguaje-Audición. (s.f.). *Apraxia del habla infantil.* Recuperado el 15 de abril de 2019, desde https://www.asha.org/PRPSpecificTopic.aspx?folderid=85899 35338&section=Overview

Ayres, A. (1972a). *Sensory integration and learning disorders.* Los Angeles, CA: Western Psychological Services.

Ayres, A. (1972b). Types of sensory integrative dysfunction among disable learners. *American Journal of Occupational Therapy.* 26: 13-18.

Ayres, A. (1972c). Improving academic scores through sensory integration. *Journal of Learning Disabilities,* 5(6), 338- 343. https://journals.sagepub.com/doi/abs/10.1177/002221947200500605

Biotteau, M., Danna, J., Baudou, É., Puyjarinet, F., Velay, J., Albaret, J. & Chaix, Y. (2019). Developmental coordination disorder and dysgraphia: signs and symptoms, diagnosis, and rehabilitation. *Neuropsychiatric Disease and Treatment, 15,* 1873- 1885.

Boon, M. (2010). *Understanding Dyspraxia: A Guide for Parents and Teachers.* Jessica Kingsley Publishers.

Campbell, W. & Barohn, R. (2020). De Jong. *Exploración Neurológica.* Wolters Kluwer Health.

Cermak, S. (1985). Developmental dyspraxia. *Advances in Psychology, 23,* 225-248.

Dewey, D. (1993). Error Analysis of Limb and Orofacial Praxis in Children with Developmental

Motor Deficits. *Brain and Cognition, 23*(2), 203–221.

Dewey, D. (1995). What Is Developmental Dyspraxia. *Brain and Cognition, 29(*3), 254-274.

Dewey, D. & Kaplan, B. (1994). Subtyping of developmental motor deficits. *Developmental Neuropsychology, 10*(3), 265-284. https://psycnet.apa.org/record/1995-33626-001

Dyspraxia Foundation. (s.f.). *The symptoms.* Recuperado el 18 de junio de 2020, de https://dyspraxiafoundation.org.uk/dyspraxia-children/symptoms/

Esposito, G., Ypshida, S., Ohnishi, R., Tsuneoka, Y., Rostagno, M., Yokota, S., Okabe, S., Kaiya, K., Hoshino, M., Shimizu, M., Venuti, P., Kikusui, T., Kato, T. & Kuroda, K. (2013). *Infant calming responses during maternal carrying in humans and mice. Curr Biol, 23*(9), 739-745.

Gaymard, B., Giannitelli, M., Challes, G., Rivaud-Péchoux, S., Bonnot, O., Cohen, D. & Xavier, J. (2016). Oculomotor Impairments in Developmental Dyspraxia. *Cerebellum, 16*, 411- 420.

Gibbs, J., Appleton, J. & Appleton, R. (2007). Dyspraxia or developmental coordination disorder? Unravelling the enigma. *Archives of Disease in Childhood, 92*, 534-539.

Gillon, G. & Moriarty, B. (2007). Childhood Apraxia of Speech: Children at Risk for Persistent Reading and Spelling Disorder. *Seminars in Speech and Language, 28*(1), 48–57.

Kaur, M., Srinivasan, S. & Bhata, A. (2018). Comparing motor performance, praxis, coordination, and interpersonal synchrony between children with and without Autism Spectrum Disorder (ASD). *Research in Developmental Disabilities, 72*, 79-95.

Miyahara, M. & Möbs, I. (1995). Developmental dispraxia and developmental coordination disorder. *Neuropsychology Review, 5*, 245-268. https://doi.org/10.1007/BF02214648

Monsalve-Robayo, A., García, N., Murcia, C. & Ortega, M. (2017). Técnicas de tratamiento utilizadas por terapia ocupacional para niños con dispraxia del desarrollo. *Rehabilitación, 51*(1), 30-42.

Murray, E., McCabe, P. & Ballard, K. (2014). A Systematic Review of Treatment Outcomes for Children With Childhood Apraxia of Speech. *American Journal of Speech-Language Pathology, 23*(3), 486-504.

Nikoghosyan-Bossen, G. & Hoffmann, A. (2018). Diagnosis of developmental dyspraxia. *Ugeskrift for Laeger, 180*(11), 2- 5. https://europepmc.org/article/med/29530236

Printz, T., Mehlum, C. & Nikoghosyan-Bossen, G. (2018). Verbal and oral dyspraxia in children and juveniles. *Ugeskrift for Laeger, 180*(12), 2-6. https://www.researchgate.net/publication/323957450_Verbal_ and_ oral_dyspraxia_in_ch ildren_ and_juveniles

Raade, A., Rothi, L. & Heilman, K. (1991). La relación entre la apraxia bucofacial y de las extremidades. *Cerebro y cognición, 16* (2), 130-146.

Rinehart, N., Tonge, B., Bradshaw, J., Iansek, R., Enticott, P. & McGinley, J. (2006). Gait function in high-functioning autism and Asperger's disorder: evidence for basal-ganglia and cerebellar involvement? *European child & adolescent psychiatry, 15*(5), 256-264.

Rodríguez-Labrada, R. & Velázquez-Pérez, L. (2013). Alteraciones de los movimientos oculares sacádicos en las enfermedades poliglutamínicas. *Revista Mexicana de Neurociencia, 14*(3), 150-158.

Roy, E. & Square, P. (1985). Common considerations in the study of limb, verbal and oral apraxia. *Advances in Psychology, 23*, 111–161.

Sanger, T. (2003). Pediatric movement disorders. *Current Opinion in Neurology, 16*, 529-535.

Schrager, O. (1986). Las apraxias en el infante y en el niño. *Revista de Logopedia, Foniatría y Audiología, 6*(3), 129-143.

Square-Storer P. (1989). *Acquired apraxia of speech in aphasic adults*. London: LEA.

Steinman, K., Mostofsky, S. & Denckla, M. (2009). Toward a Narrower, More Pragmatic View of Developmental *Dyspraxia. Journal of Child Neurology, 25*(1), 71–81.

Vaivre-Douret, L. (2014). Developmental coordination disorders: state of art. *Neurophysiologie Clinique, 44*(1), 13–23.

Vaivre-Douret, L., Lalanne, C., Ingster-Moati, I., Boddaert, N., Cabrol, D., Dufier, J., Golse, B. & Falissard, B. (2011). Subtypes of Developmental Coordination Disorder: Research on Their Nature and Etiology. *Developmental Neuropsychology, 36*(5), 614–643.

Zoia, S., Pelamatti, G., Cuttini, M., Casotto, V. & Scabar, A. (2002). Performance ofgesture in childrenwith and without DCD: effects of sensory inputmodalities. *Developmental Medicine & Child Neurology, 44*, 699-705

CAPITULO 3

MODELOS DE LAS APRAXIAS

El estudio del movimiento nace de la alteración del mismo. En sus inicios el estudio de la apraxia, su definición y después la clasificación de los diferentes tipos de apraxia, derivó en el diseño de modelos que intentaban explicar cómo se lleva a cabo la acción motora voluntaria. Posteriormente en los años ochenta, hubo una renovación del interés por el estudio de las praxias con la aparición de modelos cognitivos que pretendían describir los diferentes niveles de procesamiento involucrados en la producción gestual (Ochipa *et al.*, 1989). Este interés renovado fue producto de la necesidad de dejar de lado las localizaciones neuroanatómicas y enfocarse en componentes que se concentran en la función del acto motor.

En la actualidad, de acuerdo con Bartolomé (1993) se sabe que el comportamiento motor cuenta con una serie de subsistemas que dirigen el flujo de información entre distintas estructuras cerebrales. Aunque la fisiología de nuestro cerebro es la que organiza la manera en la que ocurre este flujo de información, las funciones complejas como el pensamiento y la planeación son subproducto de complejas interacciones entre sistemas de comunicación neuronal. En particular, el comportamiento motor es el resultado de la interacción de diversos componentes neurofuncionales, ya que requiere de: 1) *vías de procesamiento sensorial específicas,* 2) *patrones motores previamente codificados,* 3) *programas de control y monitoreo,* 4) *esquemas perceptivos,* 5) *secuencias lógicas del pensamiento* y 6) *vías de salida específicas para la respuesta motora.* Pese a este conocimiento, en el campo de la neuropsicología poco se ha modificado la forma explicar y describir cómo es que la conducta motora tiene lugar tanto a nivel biológico como cognitivo.

Los modelos revisados a continuación buscan trazar justo la tendencia bajo la cual se debe estructurar el estudio de los trastornos motores; avalados por la idea de desconexión de Geschwind (como se cita en Ventura, 2003), en la cual, aunque exista una desconexión de áreas del cerebro que participan en la ejecución de la misma función, es posible establecer "nuevas rutas" de comunicación neuronal que faciliten tanto la compensación como la rehabilitación de la función perdida. En ese sentido, se habla de que existen varias rutas posibles para producir la misma respuesta, ya que, aunque existe una interdependencia entre los sistemas funcionales del cerebro estos tienen la capacidad de formular nuevas secuencias y planes motores. Así, los modelos cognitivos que se consideran a continuación conciben a las praxias como resultado de varias etapas de procesamiento que traducen códigos sensoriales en códigos motores (cognitivos).

I. Modelo de Liepman

Liepmann en 1900 (González-Rothi, Ochipa y Heilman, 1997) estableció que la apraxia se debía a un problema en la planeación motora, más que a manifestación de agnosia o asimbolia como se había propuesto originalmente por Steinthal en 1871 (Rothi, 1997).

Liepman describió tres tipos de apraxia: 1) *kinética de miembros* (también llamada melokinética o inervatoria), en la cual existen fallas para realizar movimientos finos, precisos e independientes con los dedos de la mano contralateral a la lesión, esta apraxia aparece cuando la alteración de los engramas inervatorios interfieren con la selección de los músculos sinergistas necesarios para realizar una tarea; 2) *ideatoria*, la cual se debe a una alteración del plan espacio-tiempo y su apropiada activación, lo que hace imposible construir la idea del movimiento, y 3) *ideomotora*, donde el plan espacio-tiempo está conservado, pero se altera la habilidad para guiar los engramas inervatorios que implementan el movimiento, dado que se encuentran desconectados (Buxbaum *et al.*, 2008).

Además, propuso un esquema vertical que incluye distintos componentes funcionales dedicados al procesamiento de la praxis. Él creía que la adquisición de movimientos de los miembros calificados requiere "fórmulas de movimiento o memorias" de "patrones de inervación" y de "memoria kinética" para los segmentos de movimiento aprendidos (Figura 1).

El modelo de Liepman sugiere que la pérdida de imitación debe ocurrir concomitante con un déficit de recepción de gesto, con un déficit de producción de gesto (acceso o trastornos de egreso), o como el efecto acumulativo de la ocurrencia simultánea de dificultades de recepción y de producción (pérdida o degradación de la representación también llamada "rastro degradado").

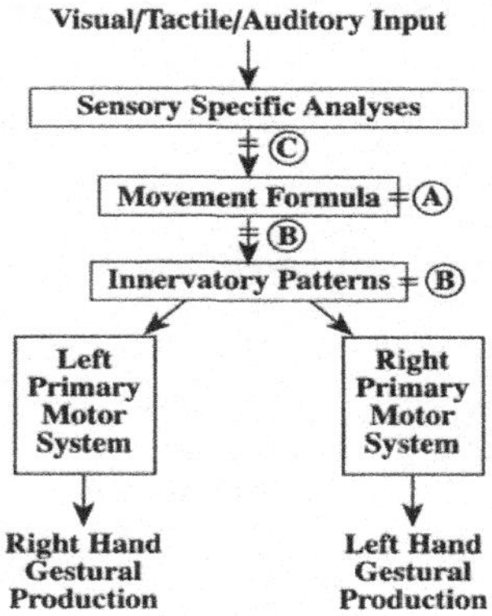

Figura 1. Conceptualización de Liepmann del procesamiento de las praxias (Rothi, Ochipa y Heilman, 1991).

II. Modelo de Geschwind

Geschwind continuó con las interpretaciones de Liepmann; postuló una teoría del "síndrome de desconexión", en la cual plantea que las lesiones en la región del giro supramarginal producían apraxia debido a la desconexión entre el área de Wernicke y la corteza motora de asociación (González y Heilman, 1997).

III. Modelo de Roy y Square

En 1985, Roy y Square presentaron un modelo de apraxia basado en la organización de la acción. Proponen que el movimiento requiere de dos componentes esenciales: 1) *Conceptual* (semántico), el cual contiene el conocimiento sobre los objetos y herramientas con base en la acción y función que realizan; el conocimiento de las acciones, independiente de los objetos y herramientas, pero en los cuales el uso debe ser incorporado; y el conocimiento de la organización de la secuencia de la acción. 2) *Producción*, almacena la información espacial y temporal necesaria para la ejecución de los gestos, este componente incorpora un conocimiento sensoriomotor, así como el proceso perceptual-motor que organiza y ejecuta la acción (Leiguarda y Marsden, 2000).

IV. Modelo de Rothi, Ochipa y Heilman

Heilman, Rothi y Valenstein, en 1982, presentan las bases de un modelo que considera que cuando se degradan estas memorias, el resultado es la incapacidad de producir o discriminar gestos. Por el contrario, cuando hay gestos que ya no pueden interactuar con la parte del cerebro responsable de la generación de los patrones de inervación, ya no pueden obtener acceso a la zona de ejecución motora, el resultado es la apraxia sin dificultades de discriminación de gesto.

El modelo de procesamiento de las praxias propuesto por

Heilman *et al.*, (1983) fue diseñado para tomar en cuenta, por un lado, a) la recepción (comprensión y / o discriminación fonológica necesaria para la ejecución de las praxis a la orden verbal) y, por otro lado, b) la producción (imitación de comandos) de los movimientos especializados de la mano izquierda y derecha en respuesta al estímulo visual.

Posteriormente, Rothi, Ochipa y Heilman (1991) desarrollaron un modelo neuropsicológico cognitivo complejo de los sistemas que consideran que pueden mediar la ejecución de las praxias. Basaron su modelo en las disociaciones que existen entre los pacientes que presentan apraxia, por un lado, a la imitación y por otro a la orden verbal.

El modelo de Rothi, Ochipa y Heilman (1991) conserva los componentes básicos de procesamiento propuesto por Liepmann, pero se insertan en un modelo multicomponencial significativamente más complejo que para los procesos de entrada y salida de las acciones, es decir, para el reconocimiento y la producción de los gestos existen dos léxicos: Un lexicón de entrada y un lexicón de salida (Figura 2). El modelo cognitivo además incluye como componente central el sistema semántico. Este modelo distingue las múltiples conexiones existentes entre la acción motora y el reconocimiento de objetos; y toma en cuenta que los gestos pueden realizarse a partir del análisis visual y el reconocimiento de un objeto, por medio de una instrucción verbal o por la imitación. En este contexto, la apraxia ideomotora se debe a la alteración en la producción de la acción (lexicón de salida) y las fallas en el sistema conceptual produciría dificultades para saber qué es y para qué sirve el objeto. Por otro lado, la alteración en el lexicón de entrada produce una alteración en la discriminación y reconocimiento de gestos conocidos por el sujeto, razón por la cual no puede imitarlos.

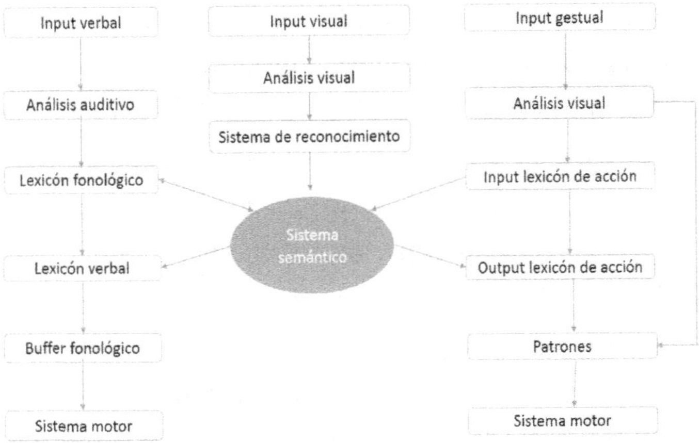

Figura 2. Modelo multicomponencial complejo de Rothi, Ochipa y Heilman, (1991).

Más tarde, Gonzalez-Rothi y Heilman (1997) proponen el término *lexicón* para referirse a las "memorias del movimiento" de Liepman y deciden dividir la acción en entrada (input lexicón), para referirse a los atributos físicos de una "acción percibida" y **salida** (output lexicón), para referirse a los atributos físicos de una "acción a ser ejecutada". Además, proponen tres vías principales para la realización de la acción: 1) auditiva/verbal y 2) visual/imitación, a los cuales se añadió un 3) sistema semántico.

1) **Auditivo/verbal.** Cuando la comprensión de acción a la orden verbal se conserva en presencia de una alteración de la imitación visual, estos autores proponen que esto se puede explicar por la disfunción dentro de esta "conexión" en el lexicón. Debido a que la praxis a la orden verbal se encuentra menos afectada que a la imitación, se sugiere que el

lenguaje hablado gana acceso al “lexicón de salida" sin tener que ser procesado por el "lexicón de entrada". Por lo que, el deterioro en praxis a la orden verbal junto con un deterioro del gesto a la imitación sería el resultado de una disfunción en o después del acceso al "léxico de salida". Mencionan que esta dicotomía entre la comprensión y la imitación también tiene un paralelo en los trastornos de la comprensión del lenguaje. Por ejemplo, los pacientes con afasia sensorial transcortical pueden imitar la acción, pero no comprender el lenguaje hablado y realizar la acción a la orden verbal. Este fraccionamiento de la comprensión y la imitación en el procesamiento del lenguaje implica que, al menos en algunos niveles, estas funciones no comparten mecanismos subyacentes (una que procesa el material léxico y una que procesa el no léxico).

2) **Visual/imitación.** Además de un sistema basado en lo lexicón, también incluyen un “sistema de procesamiento no-lexicón” necesario para la imitación de gestos. Una explicación es que el gesto de imitación teóricamente se podría realizar sin utilizar el "proceso lexicón"; en otras palabras, se realizaría a través de una ruta no léxica del gesto de imitación. La imitación no léxica de acción puede estar mediada por una ruta directa entre los sistemas visuales y motor (por ejemplo, la asociación visual y la corteza premotora).

3) **Semántico.** El procesamiento de las praxias también está mediado por un sistema que involucra componentes conceptuales/semánticos. El sistema conceptual de las praxias implica tres tipos de conocimiento: el conocimiento de las funciones de las herramientas y los objetos, el conocimiento de

las acciones independientes de las herramientas y el conocimiento acerca de la organización de las acciones individuales en secuencias. Para tomar en cuenta la representación de gestos en general, incluyendo no sólo la pantomima sino también emblemas como bien, loco, etc., por lo menos algún tipo de interacción entre la semántica y los léxicos de acción se debe especificar. Estos autores apoyan la conclusión de que existe una comunicación directa entre las descripciones estructurales del uso de herramientas y el conocimiento almacenado de producción de acción.

V. Modelo de Goldenberg

Goldenberg y Spatt (2009) explica que para que se lleve a cabo una praxia, la ruta está lejos de ser directa y que implica complejas etapas de procesamiento intermedio. Por ejemplo, los pacientes apráxicos que tienen impedimentos en la reproducción de gestos en sus propios cuerpos también se ven alterados al replicar los gestos en un maniquí de tamaño natural. Por lo tanto, el conocimiento conceptual general sobre el cuerpo humano y la configuración espacial de las partes del cuerpo parece ser necesario para realizar una tarea de imitación. Debemos considerar que la creencia de que la imitación es un proceso viso-motor simple y directo puede ser engañosa, ya que habría que resolver el problema de la correspondencia corporal para la reproducción del movimiento, es decir, cómo es que nuestro cerebro debe de procesar la información de los cuerpos que se encuentran en distinta posición a la nuestra, poseen un tamaño diferente o bien pertenecen o se trata de objetos diferentes, en ese sentido el cerebro debe realizar el ajuste necesario para capturar y reproducir el movimiento en diversas perspectivas.

La información sobre la actual situación y la configuración de nuestro cuerpo es la referencia necesaria para planear y ejecutar el movimiento. Parámetros como su dirección, su secuencia y su intención al interactuar con objetivos externos pueden ser establecidos gracias a esta propiedad. Por ejemplo, alcanzar con una mano un objeto presentado visualmente requiere que coordenadas retinianas de un objeto sean transformadas en coordenadas corporales, centradas en nuestro cuerpo.

VI. Modelo de Jeannerod

Este modelo propone la premisa de que un sistema utiliza la información almacenada y programa intencional, hasta que el acto motor se empareja con la predicción creada; cuando ambos son iguales, la representación motora se almacena y se refuerza. Si la acción generada no se asemeja a la esperada, el comparador sigue activo mientras se hacen los ajustes necesarios, hasta que se calcula la posición de un objeto con la ubicación.

Actual de nuestra mano para alcanzarlo. Cuando existe una discrepancia entre el modelo interno y la posición real de la mano se genera el movimiento, mientras que, si la diferencia es cero, el movimiento se detiene puesto que se ha alcanzado la meta (Jeannerod, 1994), esto se ejemplifica en la Figura 3.

Otra de las características de este modelo es su organización jerárquica. Propone que la acción realizada debe estar almacenada en un nivel superior y no debe saltarse ningún paso durante la activación inicial de la información. Los esquemas iniciales, los componentes de estos y los aspectos motores representan diferentes elementos de la misma acción. A manera de resumen, este es un modelo que resalta el aspecto distribuido de las representaciones motoras, y el funcionamiento en paralelo en todos los niveles de procesamiento, lo cual permite la corrección de cada uno de los

Figura 3. Modelo cognitivo de la acción motora voluntaria (Jeannerod, 1995, p.728).

VII. Modelo de Cubelli, Marchetti, Boscolo y Della Sala

Cubelli, Marchetti, Boscolo y Della Sala (2000) revisaron el modelo neuropsicológico cognitivo de apraxia de los miembros de Rothi, al cual aumentaron un mecanismo de conversión visomotor, este explica la transcodificación de la entrada visual en el programa motor apropiado. En el modelo de Cubelli se suprimió el vínculo directo entre el "input" y el "léxico de la acción de salida", y permanece el vínculo indirecto a través del sistema de acción semántica, es decir, la interpretación del significado de una determinada acción. También, consideraron un buffer gestual destinado a mantener una representación a corto plazo de toda la acción.

El modelo predice tres diferentes cuadros clínicos: (1) un déficit de la *percepción de entrada de la acción,* que da como resultado la agnosia de la pantomima la cual es la dificultad en la discriminación y comprensión de gestos; (2) un déficit del *sistema de acción semántica*, que produce una dificultad para interpretar el significado de una acción; (3) un *déficit en la ejecución de salida de la acción,* que da como resultado la apraxia conceptual en la que falla el "mecanismo de conversión visomotora" (Cubelli *et al.*, 2000).

VIII. Modelo de Buxbaum, Johnson-Frey y Barlett-Williams

Buxbaum, Kyle y Menon (2005) ampliaron aún más el modelo cognitivo neuropsicológico de Rothi, Ochipa y Heilman, basados en la observación de un paciente que realizó de manera deficiente, tareas que requieren transformación espacial del cuerpo. De acuerdo con su modelo, un conjunto unitario de representaciones denominado esquema corporal, calcula y actualiza las posiciones dinámicas de las partes del cuerpo relativas entre sí. Es importante destacar que esta representación dinámica centrada en el cuerpo de las acciones requiere una etapa de procesamiento común entre la ruta léxica y la ruta no léxica que ayuda a las acciones significativas y sin sentido. Este modelo también considera fundamental tener en cuenta las representaciones almacenadas de las acciones aprendidas.

IX. Modelo de Bohlhalter

Bohlhalter (2009) propone a la apraxia como una alteración en el paradigma cognitivo-motor que afecta la comunicación gestual y el uso de herramientas. En su modelo sugiere que las praxias requieren de la participación de diferentes funciones cognitivas: 1) *Conocimiento semántico,* permite reconocer cuál es el uso común de los objetos familiares (e.g. un martillo se usa para clavar un clavo); se considera parte de la memoria semántica, la cual almacena la información acerca del uso de los objetos. 2) *Conocimiento manipulatorio,* media cómo deben tomarse los objetos de manera apropiada, por ejemplo, para usar un martillo se necesita alejar el martillo del clavo para posteriormente pegar con fuerza. 3) *Conocimiento mecánico,* permite elegir un instrumento con base en sus propiedades mecánicas para completar la acción necesaria cuando el objeto típicamente usado no está disponible, por ejemplo, desatornillar con un cuchillo o clavar un clavo con una llave de perico. 4) *Conocimiento secuencial*, permite realizar una acción con múltiples objetos, por ejemplo, cerrar un sobre después de haber metido la carta.

En el modelo de Bohlhalter (2009) se sugiere que la noción básica es que el sistema conceptual representa el conocimiento semántico que nos dice *qué* uso típico tienen los objetos y los gestos; mientras que el sistema de producción almacena los engramas temporo-espaciales acerca del *cómo* se utiliza el objeto y *cómo* los gestos son ejecutados de manera adecuada.

X. Modelo de Jean Ayres

Jean Ayres (1972) postuló el término somatodispraxia en niños, junto con su Teoría de Integración Sensorial, la cual indica que la base para un correcto desarrollo perceptivo y cognitivo radica en un buen desarrollo sensorio-motor. Definió el término integración sensorial como el proceso neurológico que organiza las sensaciones corporales (internas) y del ambiente (externas) en un individuo, para dar lugar a una respuesta efectiva y eficiente ante un estímulo determinado (Ayres, 1972). A través de la integración sensorial, las múltiples partes del sistema nervioso trabajan en estrecha colaboración para que la persona pueda organizar, de manera eficiente, los estímulos externos que entran a través de sentidos como la vista, el gusto, el tacto, el oído y el olfato, así como la información proveniente del propio cuerpo (Ayres, 1998). Además, guía la manera en la que actuamos en el medio, por ejemplo, al vestirnos y desvestirnos, al manejar los cubiertos o usar unas tijeras, todas estas acciones requieren de la planeación y ejecución del movimiento coordinado en tres pasos secuenciales: ideación o conceptualización, proyección o elección de una estrategia, y ejecución motora (Ayres, 1985).

Por tanto, para realizar una acción (praxis), es necesario saber en qué posición está nuestro cuerpo, tener la idea de la secuencia de movimientos que se necesitan para lograr el objetivo, organizar los movimientos, ejecutarlos en un contexto espacial, variar la intensidad y velocidad, y realizarlos en el tiempo y orden correcto. Cuando el procesamiento sensorial es deficiente, el cerebro no es capaz de organizar adecuadamente la información para entrar en contacto con el ambiente y responder eficazmente a los estímulos del entorno, por lo que se ven afectadas muchas facetas de la vida cotidiana, haciendo que el individuo deba realizar un mayor esfuerzo, enfrentándose a más dificultades y obteniendo menos garantías de éxito o satisfacción.

La Teoría de Integración Sensorial en niños se basa en cuatro niveles de proceso integrativo sensorial (Ayres, 1998):

- *Primer nivel de integración.* La integración de las entradas vestibular y propioceptiva permite el control del movimiento del cuerpo y de los ojos. Sin la guía de estas sensaciones sería difícil enfocar la vista en un objeto o seguir un objeto en movimiento. Si los sistemas vestibular y propioceptivo están insuficientemente integrados, el niño puede tener un desarrollo lento de las reacciones posturales, como rodarse o ponerse en posición de gatear, por lo que no tendrá un buen cimiento para ponerse de pie y caminar. Esto afecta que el niño haga los ajustes posturales, que su equilibrio sea insuficiente y que sus movimientos puedan parecer rígidos e irregulares. Ayres consideró que si la información sensorial del oído interno, de los músculos y de las articulaciones no está propiamente integrada, el niño tendrá dificultades para reconocer dónde se encuentra respecto al espacio y cómo se está moviendo.

- *Segundo nivel de integración.* La representación corporal se almacena en el cerebro a medida que los receptores de las sensaciones de la piel, músculos, articulaciones, gravedad y movimiento se organizan durante las actividades diarias del individuo. Una representación corporal que está bien organizada permite a la persona sentir lo que su cuerpo está haciendo sin tener que verlo o tocarlo con los dedos. Si el cerebro no contiene mapas precisos del cuerpo, entonces no puede planear los movimientos; la planeación motora es el proceso sensorial que permite adaptarnos a una tarea desconocida y después aprender a hacer esa tarea automáticamente.
- *Tercer nivel de integración.* La percepción visual es el producto de una integración sensorial anterior, y es el significado que damos a lo que vemos. Sin embargo, la habilidad para ver no es suficiente, se requiere mucha experiencia de haber tocado objetos, movido y sentido su peso mediante los músculos y articulaciones, y haber interactuado con las fuerzas de gravedad y velocidad para desarrollar la percepción visual. En este tercer nivel de integración las actividades se vuelven más propositivas y el individuo puede hacer cosas que empiezan, continúan y terminan. Además, puede seguir el proceso a lo largo del propósito que quiera.
- *Cuarto nivel de integración.* Una comunicación adecuada entre ambos lados del cerebro posibilitará que los dos lados del cuerpo trabajen juntos, permitiendo la apropiada especialización de funciones cerebrales.

Uno de los objetivos de la terapia de integración sensorial en niños es proporcionar y controlar la entrada sensorial, especialmente la del sistema vestibular, la de los músculos, articulaciones y la piel; de manera que el individuo forme respuestas adaptativas que integren esas sensaciones. Su enfoque es integral, comprende todo el cuerpo, todos los sentidos y todo el cerebro. Cuando los músculos trabajan juntos para formar un movimiento corporal adaptativo, tanto músculos como articulaciones mandan sensaciones bien organizadas al cerebro. Los movimientos del cuerpo entero proporcionan una gran entrada vestibular, la cual ayuda a unificar los otros sistemas sensoriales. La habilidad para organizar las sensaciones provenientes del cuerpo y para ejecutar las respuestas adecuadas a estas, ayudan al cerebro a organizar otras funciones (Ayres, 1998).

El sistema y las experiencias sensoriales son necesarios para permitir la percepción, conocimiento e interacción del hombre con el mundo que lo rodea. El sistema nervioso es el encargado de analizar, ordenar, integrar y ejecutar las respuestas a tales sensaciones provistas por el ser humano y su medio. Dentro de las complejas interacciones que ocurren a nivel cerebral, existe la integración sensorial, la cual permite utilizar de forma eficaz el cuerpo dentro del ambiente. La alteración en cualquiera o todos los niveles de integración sensorial, puede producir alteraciones en las praxias.

Modelos de las praxias	
Liepmann (1900)	Define tres tipos de apraxia: Kinética de miembros, ideatoria e ideomotora Componentes funcionales del procesamiento de la praxis: Fórmulas de movimiento o memorias Patrones de inervación Memoria kinética
Geschwind y Kaplan (1962)	Continuó con las interpretaciones de Liepmann Teoría de "síndrome de desconexión": Apraxia debido a la desconexión entre el área de Wernicke y la corteza motora de asociación.
Roy y Square (1985)	Sistema conceptual Sistema de producción
Rothi, Ochipa y Heilman (1991)	Mecanismos que podrían explicar la apraxia: Huella de memoria deteriorada Trastorno de memoria que produce un déficit Lexicón para referirse a las memorias del movimiento de Liepmann Lexicón de entrada y salida Lexicón / No lexicón Semántico
Goldenberg (1995)	Conocimiento conceptual general sobre el cuerpo Configuración espacial de las partes del cuerpo
Jeannerod (1997)	Sistema de información almacenada Programa intencional
Cubelli (2000)	Mecanismo de conversión visomotor Sistema semántico de la acción
Buxbaum (2005)	Transformación espacial del cuerpo Representación dinámica centrada en el cuerpo

Modelos de las praxias	
Bohlhalter (2009)	Alteración en el paradigma cognitivo-motor Conocimiento semántico Conocimiento manipulativo Conocimiento mecánico Conocimiento secuencial
Ayres (1972)	Teoría de integración sensorial Para realizar una acción se requiere un adecuado procesamiento sensorial Ideación Timming Secuencia Feedback Feedforward

Tabla 1. Resumen de los diferentes modelos de las praxias.

Las observaciones de la apraxia se han llevado a cabo desde finales de los 1800's, y desde entonces los autores han tratado de ponerse de acuerdo en relación con una definición específica de la apraxia. Inicialmente, se consideraba parte de los trastornos del lenguaje, para finalmente reconocerse como un problema independiente que se presenta con respecto a la realización de una acción en relación con un objeto. Con el paso del tiempo, se reconoce que esta alteración está presente tanto en adultos con una lesión cerebral adquirida, como en niños con inmadurez en el desarrollo neurológico.

Los modelos existentes de las praxias todavía no explican la evidencia empírica adicional como, por ejemplo, el rendimiento diferencial en la imitación de las posturas de las manos y la imitación de las configuraciones de los dedos mostrados, ya que han desmenuzado las praxias en infinidad de clasificaciones y procesos. Se debe considerar que la apraxia es un sistema funcional complejo que se afecta ante la presencia de diferentes alteraciones a las funciones cognoscitivas.

Referencias

Ayres, A. (1972). Types of sensory integrative dysfunction among disable learners. *American Journal of Occupational Therapy, 26,* 13-18. http://europepmc.org/article/med/5008164

Ayres, A. (1985). *Developmental dyspraxia and adult-onset apraxia.* Torrance, CA: Sensory Integration International.

Ayres A. (1998). *La integración Sensorial y el niño.* México: Trillas.

Bartolomé, R. (1993). *Educación Infantil.* España: Mc Gran Hill.

Bohlhalter, S. (2009). Limb apraxia: A paradigmatic cognitive (psycho?) motor disorder. *Schweizer Archiv für Neurologie und Psychiatrie, 160*(8), 341-346.

Bohlhalter, S., Hattori, N., Wheaton, L., Fridman, E., Shamim, A., Garraux, G. & Hallett, M. (2009). Gesture subtype-dependent left lateralization of praxis planning: An event-related fRMI study. *Cerebral Cortex, 19*(6), 1256-1262.

Buxbaum, L., Harland, K., Hallett, M., Wheaton, H., Heilman, K., Rodríguez, A., & González, L. (2008). Treatment of limb apraxia. *American Journal of Physical Medicine, 87*(2), 149-161.

Buxbaum, L., Kyle, K., & Menon, R. (2005). On beyond mirror neurons: Internal representations subserving imitation and recognition of skilled object-related actions in humans. *Cognitive Brain Research, 25,* 226–239.

Calvo-Merino, B. (2008). *Modelos teóricos y neuropsicología de las praxias.* España: Viguera Editores.

Cubelli, R., Marchetti, C., Boscolo, G, & DellaSala, S. (2000). Cognition in action: Testing a model of limb apraxia. *Brain and Cognition,* 44, 144-165.

Geschwind, N., & Kaplan, E. (1962). A human brain disconnection syndrome. A preliminary report. *Neurology, 12*(10), 675-681. https://n.neurology.org/content/12/10/675

Godenberg, G. (1995). Imaging without perception: a case study of anosognosia for cortical blindness. *Neuropsychology,* 33(11), 1373-1782.

Goldenberg, G. & Spatt, J. (2009). The neural basis of tool use. Journal of *Neurology,* 132, 1645-1655.

González, L. & Heilman, K. (1997). *Apraxia: the Neuropsychology of action.* New York: Psychology Press.

Heilman, K., Rothi, L., & Valenstein, E. (1982). Two forms of ideomotor apraxia. *Neurology. 32*(4), 342-346.

Heilman, K., Bowers, D., & Watson, R. (1983). Performance on hemispatial pointing task by patients with neglect syndrome. *Neurology, 33,* 661- 664.

Jeannerod, M., Ardib, M., Rizzolatti, G. & Sakata, H. (1994). Impairment of grasping movements following posterior parietal lesion. *Neuropsychology, 32,* 369-380.

Jeannerod, M. (1997). *The cognitive neuroscience of action.* Oxford: Blackwell

Leiguarda, R. & Marsden, C. (2000) Limp apraxias: higher-order disorders of sensorimotor integration. *Brain.* (123) 860–879.

Heilman, K., Rothi, L. & Valenstein, E. (1982). Two forms of ideomotor apraxia. *Neurology. 32*(4), 342-346. https://n.neurology.org/content/32/4/342

Ochipa, C., Rothi, L., & Heilman, K. (1989). Ideational apraxia: A deficit in tool selection and use. *Anals of Neurology, 25,* 190-193. https://psycnet.apa.org/record/2003-04868-011

Rothi, L., Ochipa, C., & Heilman, K. (1991). A cognitive neuropsychological model limb praxis. *Cognitive Neuropsychology, 8,* 443-458. https://www.tandfonline.com/doi/abs/10.1080/02643299108253382

Rothi, L. (1997) *Apraxia: the Neuropsychology of action.* Psychology Press. USA.

Roy, E., & Square, P. (1985). Common considerations in the study of limb, verbal and oral apraxia. En *Neuropsychological studies of apraxia and related disorders* (pp. 111–161). Amsterdam, Netherlands: Elsevier

Ventura, R. (2003). El syndrome de desconexion interhemisferica cerebral. *Revista de psiquiatría y saludmental Hermilo Valdizar,* 4(2), 29-42.

CAPÍTULO 4

PROPUESTA DE COMPONENTES EN LOS PATRONES APRAXICOS

El desarrollo psicomotor del infante, específicamente la habilidad de ejecutar movimientos para alcanzar un objetivo (praxias), juega un papel elemental para la adquisición, organización y ejecución de los procesos cognoscitivos. Si bien se reconoce que el adecuado uso de las diferentes partes del cuerpo y el conocimiento del uso de los objetos de nuestro entorno facilita el nivel de adaptación del infante, la importancia del aprendizaje motor trasciende dichas capacidades. De hecho, es el papel que juegan las praxias en los procesos de aprendizaje lo que realmente importa en el análisis de la secuencia que sigue el desarrollo cognoscitivo. En esta línea, cuando se habla de la neuropsicología del desarrollo, se afirma que la base de cualquier proceso ejecutivo se encuentra en los aprendizajes que tienen lugar en las primeras etapas del desarrollo. El desarrollo de las praxias es el inicio de una cadena de procesos que consolidarán al ser humano desde sus reflejos hasta las funciones más complejas de su intelecto. En ese sentido, la dotación biológica del individuo da paso a su conformación psicológica y social, por lo tanto, las alteraciones en la secuencia biológica del desarrollo de las praxias se traducen en alteraciones en el funcionamiento neuropsicológico.

En la vida cotidiana del niño y del adulto encontramos

diversas situaciones que reflejan lo anterior. Desde que nos levantamos por la mañana y ejecutamos las praxias para alcanzar objetivos, echamos a andar la maquinaria cognoscitiva con la que contamos. Esto nos permite interactuar con el mundo para realizar actividades cotidianas, dotarlas de significado y reformular nuestra concepción sobre nuestro entorno. Asimismo, la acción de nuestro cuerpo nos permite ser curiosos y creativos, sesgando la manera en que tiene lugar el día a día (Aza, 2017). Lo mismo ocurre con los objetos con los que interactuamos, los cuales requieren de diferentes grados de abstracción e interpretación para su adecuado uso. Por ejemplo, el uso del cepillo de dientes, una cuchara para comer o bien manejar un coche, dejan entrever que el nivel de complejidad para el uso de un objeto es muy variado y dependiendo de las propiedades del objeto, serán el tipo de procesos de asociación e integración que nuestro cerebro deberá llevar a cabo para realizar la acción o acciones específicas para cada uno. De esta manera, se entiende que existen una serie de patrones de actividad que nuestro cerebro debe aprender para llevar a cabo una acción determinada o bien interactuar con un objeto en particular (praxias).

El estudio de cómo el cerebro organiza y controla el uso de herramientas se ha centrado principalmente en publicaciones científicas que explican cómo el daño cerebral adquirido afecta el control de los movimientos (Pérez-Mármol *et al.,* 2015). Se han descrito de forma precisa las regiones que a nivel cortical y subcortical participan de forma directa con la producción y modulación del movimiento (Chéron, 2018). No obstante, se ha dejado de lado la descripción funcional de este proceso, es decir, poco se han explicado de los mecanismos que subyacen a la organización de las praxias, cómo es que ocurre la ejecución de las praxias y cuál es el efecto que tiene la organización de los diferentes componentes en la realización de tareas específicas que involucran a uno o varios procesos cognoscitivos. Por esta razón, el objetivo de este capítulo es realizar un análisis, con base en la neuropsicología, de las diferentes habilidades y componentes necesarios para controlar el movimiento al ejecutar actividades de la vida cotidiana. Asimismo, se busca fundamentar una propuesta teórica de un modelo neuropsicológico funcional de las praxias, basándose en sus componentes neurofuncionales y neuropsicológicos.

I. Redefinción de la apraxia

La apraxia ha sido un concepto complejo y difícil de definir. Aunque en la actualidad se cuenta con un buen número de definiciones de la apraxia, algunas que resultan más apropiadas para su sistematización, descripción y caracterización. Por esta razón, se ha considerado oportuno redefinir este término con el objetivo de abordar aquellos componentes que han sido descritos como parte del patrón práxico y mencionar aquellos que podrían ser incluidos.

La apraxia es definida como un trastorno del sistema nervioso central, caracterizada por una marcada dificultad en la ejecución de actividades motoras previamente aprendidas. El individuo es incapaz de realizar este tipo de acciones correctamente o bien iniciarlas de forma autónoma (Pérez-Mármol *et al.*, 2015). Las alteraciones en las praxias son comunes en un amplio porcentaje de pacientes con secuelas de algún padecimiento neurológico; usualmente se manifiestan por dificultad para llevar a cabo las actividades de la vida diaria, por ejemplo: ponerse la ropa, usar cubiertos y copiar dibujos (García Peña y Sánchez Cabeza, 2004). En el paciente adulto que ha sufrido daño cerebral, así como el niño con alteración en el neurodesarrollo, pueden presentar dificultad para saber cómo realizar movimientos automatizados, necesarios para caminar (apraxia de la marcha), vestirse (apraxia del vestido), tomar un lápiz y escribir en un papel (apraxia constructiva), entre otras tareas comunes afectando gravemente su desarrollo y su adaptación. Esta alteración sucede en consecuencia de una desorganización generalizada de los procesos que participan en la producción de los movimientos, entre los que se incluye la percepción visual básica (color, forma, tamaño, etc.), la percepción visual compleja (profundidad, localización, reconocimiento, etc.), y procesos cognoscitivos relacionados con la integración de la información sensorial (esquema corporal, discriminación derecha-izquierda, entre otros). Estos procesos juegan un papel determinante para la adecuada ideación, planificación y ejecución de los movimientos propositivos (praxias) (Pérez-Mármol *et al.*, 2015).

La descripción de los componentes implicados en las diferentes alteraciones práxicas posibilita el acceso a una información más exhaustiva que no solo permitirá conocer la alteración específica en el proceso, sino que además facilitará planificar un programa de tratamiento y adaptar las condiciones del medio en las que se desenvuelve el paciente. Se han descrito diversos modelos sobre los distintos componentes de las praxias.

Roy (1996), aporta una buena base sobre los aspectos que se deben tener en cuenta para la descripción de la apraxia; proporcionando al mismo tiempo un marco teórico firme para comprender cómo afecta este síndrome a los pacientes que lo padecen (Gago y Elgier, 2018).

Dicho modelo llamado "Concepto-Producción" propone que los movimientos aprendidos están bajo el control de tres sistemas: 1) *el sensorial/perceptual*, 2) *conceptual* y 3) *de producción del movimiento.* La alteración en alguno de estos puede producir tipos específicos de apraxia manifestándose en problemas para imitar posturas, realizar movimientos a la orden verbal y en el uso de objetos. De tal forma que, para poder usar un objeto estos sistemas realizan una serie de acciones específicas; el sistema sensorial/perceptual procesa información del ambiente que se recibe a través de vías visuales, auditivas o táctiles. El segundo, el sistema conceptual, guarda nuestro conocimiento sobre herramientas y acciones, es decir, aquello que se necesita saber sobre el uso de los objetos y su función. Y finalmente, el sistema de producción participa en la ejecución del movimiento y la acción apropiada para una tarea en particular, de manera que la información que provee el medioambiente y la organización de la respuesta es transformada en un código que utiliza el sistema motor para controlar el movimiento. De esta manera, se entiende que la apraxia puede surgir de las interrupciones en la comunicación de los sistemas o una comunicación inadecuada entre ellos (Stamenova, Roy y Black, 2009).

Asimismo, Roy (1996) describió que las apraxias son producto de patrones de comunicación entre los tres sistemas descritos. A continuación, se mencionan los componentes básicos de las praxias de acuerdo con su modelo (Tabla 1).

Componentes	Sistema de procesamiento
1. Información visual / gestual	Perceptual y sensorial
2. Información auditivo / verbal	Perceptual y sensorial
3. Información del objeto/ herramienta	Perceptual y sensorial
4. Conocimiento de la acción y Conocimiento de la función del objeto / herramienta	Conceptual
5. Selección de la respuesta	Conceptual
6. Generación de la imagen mental	Producción
7. Memoria de trabajo	Producción
8. Respuesta (organización/control)	Producción

Tabla 1. Descripción de componentes de las praxias de acuerdo con Roy (1996)

De acuerdo con esta descripción, el tipo de alteración según el componente tendrá por consecuencia un tipo de apraxia en particular, esta relación ha sido descrita en trabajos posteriores (Stamenova, 2010), en los cuales se ha evaluado el funcionamiento motor de pacientes que presentan daño cortico-basal y alteraciones práxicas. Las alteraciones específicas a cada subsistema de procesamiento son descritas a continuación (Tabla 2).

Sistema afectado	Patrón de desempeño de la apraxia	Alteraciones
1- Sensorial perceptual	P, *ID, *II, *IG	Habilidad limitada para analizar la información visual de gestos y objetos/herramientas
2- Conceptual	*P, ID, II, *IG	Imposibilidad para interactuar o saber la función de herramientas/objetos

Sistema afectado	Patrón de desempeño de la apraxia	Alteraciones
3- Selección de respuesta	*P, ID, II, IG	Dificultad para la selección de la respuesta y/o la generación de la imagen mental
4- Codificación	P,*ID, II, IG	Deterioro en la codificación de información visual gestual en la memoria de trabajo
5- Memoria de trabajo	*P, *ID, II, IG	Memoria de trabajo deteriorada
6- Conducción	P,*ID, *II, IG	Deterioro en la habilidad para el uso de la información visual en el control del movimiento
7- Producción ideomotora	*P, *ID, *II, IG	Deterioro en la organización y control de la respuesta
8- Producción general	*P, *ID, *II, *IG	Deterioro en el conocimiento sobre la función de la herramienta/ objeto y deterioro en la organización y control de la respuesta.

Pantomimas (P); Imitación demorada (ID); Imitación inmediata (II); Identificación de gestos (IG); Habilidad deteriorada (*)

Tabla 2. Se muestra las afectaciones específicas de las praxias en función del componente afectado de acuerdo con Stamenova (2010).

II. Diferentes componentes en los patrones apráxicos

Si bien la descripción de los componentes elaborada por Roy ha resultado ser un buen comienzo para analizar cómo ocurre la interacción entre factores cognoscitivos, sensoriales y motores, en la producción de las praxias, el número de componentes necesarios para producción de las praxias y sobre los cuales se debe centrar su rehabilitación puede ampliarse. Es lógico pensar que al ser las praxias un fenómeno complejo de definir, su entrenamiento y/o rehabilitación requieren de múltiples áreas de intervención. Del mismo modo, la descripción de componentes adicionales que pueden llegar a participar en la producción del acto motor (Goldenberg y Spatt, 2009).

Respecto a esto, algunos componentes de la praxia son mecanismos que se activan de manera involuntaria, automática o inconsciente, mientras que otros requieren de formas específicas de pensamiento para desencadenar el acto motor de las praxias. No obstante, un aspecto que tienen en común es el hecho de que todos requieren de información precisa proveniente de las distintas partes del cuerpo, particularmente de las vías táctiles, propioceptivas, auditivas y visuales que completan, refinan y producen continuamente la motricidad del ser humano.

En este capítulo se describirán componentes adicionales que forman parte de los patrones práxicos, algunos de los cuales son producto de la propuesta del presente trabajo (Tabla 3).

Diferentes componentes en los patrones apráxicos	
1. Percepción visual	11. Orientación de extremidades
2. Características físicas del objeto	12. Trayectoria motora
3. Ideación	13. Control del acto motor
4. Planeación y organización de la acción	14. Espacialidad
5. Programación de los engramas motores	15. Feedback
6. Anticipación	16. Feedforward
7. Memoria de trabajo para el acto motor	17. Velocidad, amplitud y profundidad del objeto
8. Alcanzar y agarrar	18. Timing y secuencia
9. Manipulación	19. Melodía cinética
10. Ubicación y orientación	20. Graduación de la intensidad y metría del movimiento

Tabla 3. Se ilustran los componentes que debieran ser considerados en el estudio de las praxias de los trastornos motores. Autoría propia

Cada uno de estos componentes cuenta con características bien definidas y son estas las que deben ser el foco de atención para el estudio de la apraxia y su rehabilitación. A continuación se describe cada uno de ellos.

Percepción Visual

Uno de los componentes de las praxias a considerar se relaciona de forma directa con el nivel más básico del procesamiento humano, es decir, el funcionamiento del sistema visual. Como se ha mencionado anteriormente, el aprendizaje es un proceso que tiene sus bases en la capacidad del ser humano para relacionarse con su entorno; este debe ser susceptible a los cambios físico-temporales del medio y poseer la capacidad de adecuar su comportamiento a tales modificaciones. A esta capacidad de adaptación o de “flexibilidad” del comportamiento se le reconoce como aprendizaje (Schlemenson, 1997). En ese sentido, el sistema visual limita o promueve la consolidación de los procesos cognoscitivos y, por lo tanto, interfiere de manera directa con la consolidación de los distintos tipos de aprendizaje (Bellefeuille, 2006).

En el caso particular del uso de los objetos, se sabe que el ser humano depende en gran medida de la información de la vía visual para planear, anticipar y ejecutar el movimiento al usar objetivos específicos. Como sabemos, las praxias no son sino un aprendizaje de comandos motores altamente especializados que cumplen funciones específicas. Estas dependen en gran medida del procesamiento visual, el cual puede ser explicado a través de la teoría general del procesamiento de la información (García-Peña y Sánchez-Cabeza, 2004). De acuerdo con esta teoría, la abstracción de la información visual necesaria para el acto motor ocurre en fases. La primera fase del procesamiento comienza con la captación del estímulo visual, fenómeno que resulta de la integridad del sistema óptico, el cual es sensible a diversas propiedades de los objetos y permite verlos (por ejemplo, color, textura, posición respecto al espacio, tamaño, movimiento, etc.). En la segunda fase, mejor conocida como fase integradora, la información sensorial –en este caso aquella proveniente de la vía visual– y propioceptiva se interrelacionan, generando la formación de un concepto que servirá como guía para la ejecución de una respuesta específica. Finalmente, en la tercera fase ocurre la integración de la respuesta práxica, en la cual se ha producido una respuesta planeada que permitirá tomar el objeto y usarlo.

En esta secuencia de procesamiento, la información visual que es decodificada por los ojos llega a las áreas primarias del lóbulo occipital, área en la que los estímulos visuales complejos son disociados en estímulos más simples. Posteriormente, esta información viaja hasta las áreas de asociación del lóbulo occipital, donde es analizada y asociada con otros estímulos. Finalmente, la integración tiene lugar en las áreas terciarias de la corteza, donde el lóbulo parietal contribuye al análisis de la información espacial, la percepción del movimiento y la atención (Lopera, Bobes y Valdés-Sosa, 2012).

Un ejemplo claro de este tipo de procesamiento ocurre al servir café en una taza. Aunque se trata de una tarea ordinaria, su ejecución requiere 1) observar el tamaño y material de la jarra, 2) la cantidad de café en la jarra para calcular su peso, 3) saber que fuerza aplicar al tomarla y 4) reconocer la forma de la agarradera y su tamaño para saber cómo agarrarla.

Análisis e integración de las características físicas del objeto

Si bien se depende en gran medida de la información de la vía visual para planear, anticipar y ejecutar movimientos, también el cerebro requiere analizar e integrar diversos tipos de información sobre el objeto. La forma, el tamaño, el color, el material del que está hecho, la textura, el peso, etc., forman parte de paquetes de información que provienen de las distintas vías sensoriales, las cuales resultan esenciales para la representación cognoscitiva tanto del objeto como de su función. Estas características juegan un rol muy importante en la manera de aprender a manipular el medio en el que nos desenvolvemos y adaptar nuestra movilidad a las demandas del mismo. Además, es gracias a este tipo de interacciones que el ser humano puede desarrollar funciones más complejas que la percepción y el manejo espacial de los objetos, como el reconocimiento de su profundidad, localización en el espacio, posición respecto a otros objetos en el espacio, etc. (García-Peña y Sánchez-Cabeza, 2004).

Al momento de buscar algún objeto específico primero se debe tener un antecedente de cómo es físicamente; si es delgado o grueso, ligero o pesado, cómo se debe de sentir al tacto, los colores que lo caracterizan, o el número de partes que lo componen. Con este antecedente, el cerebro ejecuta aquellos movimientos que han resultado efectivos para la manipulación de objetos que comparten ciertas características. Al buscar un objeto dentro de un bolso, sacar un juguete del juguetero o tomar una herramienta de la lapicera, el cerebro corrobora y corrige la acción ya sea tomando o no el objeto deseado.

Ideación

Este componente en particular resulta ser uno de los más importantes para la correcta ejecución de las praxias. En parte porque se trata de un proceso que requiere de la integración de distintos tipos de información, y en mayor medida porque es el factor encargado de generar el esquema cognoscitivo de los pasos que se deben realizar al inicio de una acción. Cuando se realiza un movimiento, es necesario conocer por dónde y cómo debe iniciarse: desde la secuencia de acciones inmediatas, hasta aquellas que consumarán la acción.

De acuerdo con Ayres (1998), las alteraciones en la planeación motora tienen por consecuencia que el paciente sea incapaz de iniciar una acción por cuenta propia o bien, concluir tareas de forma adecuada como lavarse los dientes, asearse, atarse los cordones, usar cubiertos, etc. Además, este desorden en la planeación motriz pude transferirse a problemas en las secuencias lógicas del pensamiento necesarias para hablar, escribir, leer o participar en dinámicas de juego grupal. De hecho, es común observar que los pacientes con este tipo de daño sean incapaces de usar un objeto, aunque este se encuentre frente a ellos.

Un ejemplo de lo anterior sería pedirle a un paciente que, de entre un montón de objetos colocados en una repisa, saque el que está al fondo sin tirar ninguno de los que se encuentra antes. Previo a realizar la acción, el paciente debe analizar la posición y distribución de los objetos dentro de la repisa, y posteriormente generar un plan que involucre la secuencia de acciones necesarias para tomar el objeto indicado.

Planeación y organización de la acción

La planeación motora requiere de atención y regulación de la propia conducta. La consolidación de estas habilidades permite que el cerebro planee los mensajes que mandará a los músculos y la secuencia en la que estos deben de accionarse. En este sentido, cuando un movimiento se automatiza, ya no requiere de planeación motora, por ejemplo, sujetar una taza o tomar un lápiz. Sin embargo, aunque la planeación motora ya no sea necesaria para ejecutar este tipo de acciones el individuo debe prestar atención a lo que se está realizando e inhibir la respuesta ante los estímulos de otros objetos. La deficiencia en los sistemas atencionales o bien, en los mecanismos de inhibición de la respuesta motora, se traduce en dificultad para programar correctamente los engramas motores correspondientes al inicio y al mantenimiento del comando motor (Pérez-Martínez, 2007).

Ejemplo de lo anterior se encuentra en acciones tan cotidianas como preparar un sándwich, ya que requieren de 1) planear qué elementos o ingredientes se necesitan para hacerlo, 2) cómo se va a hacer y 3) establecer el orden de los ingredientes.

Programación de los engramas motores

De acuerdo con Lorenzo-Otero (2001), para la consolidación de la praxia es necesario que el cerebro formule engramas cognoscitivos del movimiento, es decir, que genere un sistema de pensamiento en el cual el cerebro coordine (sin la necesidad de ejecutar alguna acción) los parámetros espacio-temporales bajo los cuales se deben realizar las secuencias de movimiento necesarias para una acción. En ese sentido, el engrama sería el equivalente a la fórmula bajo la cual se debe realizar el movimiento y está compuesta por la secuencia de pasos a seguir, las propiedades físicas del movimiento y la intención o función del movimiento que se desea realizar. Las alteraciones a este nivel se caracterizan por una falta total de planificación y orden en la ejecución de las praxias.

Por ejemplo, al colocarse una prenda de vestir como un suéter, la fórmula sobre la cual se realiza el movimiento incluye colocar las extremidades dentro de las mangas correspondientes y después abotonar cada botón en su ojal correspondiente.

Anticipación

Este componente está estrechamente relacionado con la formación de los engramas motores necesarios para las praxias. Si bien, los engramas motores son el patrón cognoscitivo a seguir, la anticipación es justo la formación de dichos engramas antes de que se presente la interacción con el objeto; su formulación parte de la experiencia previa con objetos que comparten características físicas o funcionales. Esta habilidad permite al individuo formular un plan de acción apropiado, tomando en cuenta aquellos elementos que pudiesen ser requeridos, las características de los objetos con los que se debe interactuar, las habilidades de las que dispone y sus limitaciones. Alteraciones en este componente se traducen en una notoria dificultad para programar correctamente la acción correspondiente, mantener una secuencia de movimientos, o ajustarse a los posibles cambios en la actividad (Pérez-Martínez y Puente-Muñoz, 2007). También se reflejan al realizar acciones similares a la requerida, pero que resultan ineficaces e inadecuadas para la correcta ejecución de la tarea con el objeto presentado, por ejemplo, intentar usar una moneda como desarmador (Goldenberg y Spatt, 2009). Estos errores en la anticipación de la secuencia son visibles en la formulación de un orden erróneo de los pasos, omisiones, elementos mezclados o interpuestos (García-Peña y Sánchez-Cabeza, 2004).

Un ejemplo de este componente puede ser bañarse, para esta tarea antes de entrar al baño y abrir la regadera se necesita hacer una revisión de qué es lo que se necesita durante y después del baño. Por un lado, para el baño se necesita el champú, jabón y esponja, una vez revisado esto, se prevé que también requerirá para después del mismo, una toalla para secarse y sandalias para salir de la regadera.

Memoria

La planeación de las praxias también depende en gran medida de los sistemas de memoria; antes de la automatización de los comandos motores, el individuo requiere de un constante reforzamiento de las vías neuronales que participan en la planificación motora. Este constante reforzamiento de las acciones motoras da paso a la conformación de un repertorio conductual, del cual los distintos tipos de memoria hacen uso para ejecutar la acción ante tareas específicas. Ejemplo de ello es cuando un niño aprende a atarse las cintas de sus zapatos, en las primeras ocasiones su atención se concentra en sus dedos y la forma en la que estos deben sujetar las cintas, cada uno de los pasos necesarios para llegar a formar el nudo son analizados y memorizados por el infante. Posteriormente y con la diaria repetición de esta tarea, el infante es capaz de realizarla sin necesidad de hacer uso de verbalizaciones o bien, acudir a las estrategias de memorización. Ahora bien, estos esquemas de memoria requieren de una constante actualización, aunque se trata de patrones automáticos, los cambios en las características de la tarea o en alguno de sus componentes requieren de un ajuste en la secuencia de acciones pre-programadas, por ejemplo, al usar botones más grandes a los acostumbrados, utilizar un nuevo par de zapatos, adquirir un nuevo instrumento/herramienta de trabajo, etc.

La memoria de trabajo permite manipular y mantener la información de forma temporal, por lo que juega un papel importante en el uso de objetos. Además, tanto el reconocimiento del objeto como sus posibles usos requieren no solo de este proceso, sino también de otros procesos como la memoria visual, la memoria gestual (Gómez y Politis, 2011) o la memoria semántica (Goldenberg y Spatt, 2009). En este sentido, otra de las características implicadas en el uso de la memoria para la manipulación de los objetos -además de recordar su uso típico-, es la capacidad que le otorga al individuo de formular un recuerdo de la configuración general de la acción que se debe llevar a cabo, subproceso mejor conocido como memoria procedimental. De hecho, autores como De Renzi y Luchelli (1988) consideran que "amnesia del uso" podría ser una descripción más adecuada para los tipos de apraxia relacionados con fallas en la memoria procedimental.

Un ejemplo donde se ilustran los procesos de este componente se observa cuando un niño juega al avioncito. El sujeto deberá recordar 1) que se necesita un gis para trazar los cuadros en el piso, 2) el orden en el que van y 3) que cada cuadro lleva un número en orden como parte de lo necesario para el juego. Además de ello debe recordar un sistema de reglas y formas de proceder. Esta compleja secuencia de acciones no puede ser automatizada en su totalidad por lo que sistemas de regulación y control supervisan constantemente este tipo de actividad.

Alcanzar y agarrar

Alcanzar es la acción de transportar la mano hacia un objeto, la cual requiere de una correspondencia entre la ubicación espacial de la mano y el objetivo. Esta acción a nivel fisiológico ha sido descrita como el producto de la comunicación entre regiones del lóbulo parietal, involucradas en la ejecución, observación e imaginación de movimientos de alcance: 1) el lóbulo parietal superior, el cual recibe un input sensorial principalmente propioceptivo, 2) el surco parietooccipital, sitio donde converge información somatosensorial, propioceptiva y visual, y finalmente 3) el surco interparietal (Vingerhoets, 2014). En ese sentido, el agarre requiere un emparejamiento óculo-motor en el que exista una correspondencia entre la forma del objeto y la postura de la mano. En el caso del agarre se ha descrito como producto de la comunicación entre el lóbulo parietal inferior, el surco intraparietal y lóbulo parietal superior.

Los pacientes que presentan lesión parietal posterior bilateral, presentan un déficit en el agarre de objetos simples aunque no en su alcance. Es decir, el paciente es capaz de tomar objetos, pero no es capaz de realizar movimientos finos y precisos para sujetarlo (Jeannerod, Arbib, Rizzolatti y Sakata, 1995). Aunque es posible separar conceptualmente el agarre y el alcance del objeto, en la vida diaria se presentan como una acción fluida, coordinada por regiones del lóbulo frontal, específicamente el área motora suplementaria y la corteza premotora dorsal (Vingerhoets, 2014).

Por ejemplo, al tomar una taza de té que se encuentra sobre la mesa, es necesario estirar el brazo hacia el objeto y modificar la posición de la mano, a manera que sea posible que los dedos rodeen el asa de la taza, posicionando el dedo pulgar sobre el asa mientras que los dedos restantes abrazan la misma para así ejercer presión sobre esta y poder manejar la fuerza necesaria para levantar la taza.

Manipulación

El uso o manipulación de objetos implica dos características esenciales: 1) el conocimiento acerca del uso típico de objetos y herramientas comunes (el cual forma parte de la memoria semántica); y 2) la capacidad de inferir los usos posibles de los objetos a partir del análisis de sus propiedades estructurales, así como la comprensión de principios generales que subyacen a la función y manipulación de todas las herramientas (Goldenberg y Spatt, 2009).

El cerebro cuenta con áreas especializadas para el uso de herramientas. Estudios de neuroimagen han demostrado una lateralización izquierda para el uso de objetos, observando una gran activación del surco intraparietal, la corteza sensoriomotora y la corteza parietal superior e inferior (Vingerhoets, 2014). Las lesiones dellóbuloparietal,principalmente en el giro supramarginal del lóbulo parietal inferior y el lóbulo parietal superior, provocan una dificultad para inferir el uso de objetos novedosos con base en sus características físicas. Por otro lado, las lesiones de la corteza frontal media tienen una influencia adversa tanto en el recuerdo del uso típico de objetos, como en la comprensión de principios generales para el uso de objetos (Goldenberg y Spatt, 2009).

Este mecanismo queda ilustrado con el siguiente ejemplo, al colgar un reloj en la pared se requiere del conocimiento sobre que se necesita para hacerlo; un clavo y un martillo. Una vez listas las herramientas a utilizarse, es necesario que la persona sepa cómo se usa el martillo y reconozca qué lado del clavo va en la pared y qué lado es el que se martilla. Después de inferir la posición del clavo se debe discernir qué lado del martillo es el que se usará para golpear el clavo y llevar a cabo la acción.

Ubicación y orientación

Además de conocer las características físicas del objeto es importante la orientación y ubicación de este en el espacio; el individuo debe aprender a relacionarse con los objetos de su entorno independientemente de su posición o distribución, con ello debe desarrollar también una conciencia sobre cuáles son los límites de su cuerpo y la distribución de sus extremidades con respecto al objeto de interés. Por ejemplo, al acomodar los muebles en una habitación es importante que la persona conozca 1) en qué parte de la habitación se encuentra cada uno, 2) su ubicación con respecto a los muebles, 3) calcular el recorrido que deben realizar las partes de su cuerpo en el espacio para dirigirse a ellos y moverlos, y 4) la distancia que existe entre ellos para saber cómo distribuirlos y acomodarlos de manera que no estén acumulados, y no representen un obstáculo al desplazarse por la habitación. De acuerdo con Roselli (2015), esta función es producto de la actividad del sistema dorsal, el cual transforma la información visual en coordenadas que permite conductas motoras coordinadas respecto a la ubicación de los objetos. Este sistema visual sensible a la percepción del movimiento de los objetos, a su vez tiene un grado de control sobre los actos que un individuo realiza cuando sus movimientos involucran objetos móviles. En otras palabras, el sistema dorsal se muestra como un puente entre la percepción del movimiento y el sistema de la acción. La lesión cerebral de este sistema le impide al individuo medir la distancia a la que se encuentra un objeto o colocarlo en una posición adecuada para ejecutar la acción.

Por ejemplo, cuando un sujeto lanza una pelota a una canasta que está a una distancia de 1.30 metros, el sujeto tiene que calcular la distancia entre él y la canasta para medir la fuerza correcta con la que la pelota tiene que ser lanzada y así encestar. Además, debe tomar la pelota en la posición correcta para que al aplicar la fuerza y darle dirección se cumpla el objetivo.

Orientación de las extremidades en el espacio con respecto al objeto

El esquema corporal juega un papel esencial en la consolidación de las praxias y los procesos cognoscitivos. La formación del esquema corporal es el resultado del procesamiento de estímulos cinestésico-táctiles, los cuales promueven la correcta conexión entre el movimiento y su efecto sobre los objetos. En ese sentido, estas capacidades propioceptivas y espaciales del sujeto no solo le permiten llegar a un mejor entendimiento del lugar que ocupa su cuerpo en el espacio que le rodea, sino que además le otorgan la capacidad de ajustarse a las dimensiones del espacio disponible para realizar la acción (Florencia-Durand *et al.*, 2017). Se ha descrito que la consolidación del esquema corporal requiere de un grado de maduración a nivel cortical como funcional, y su adquisición es producto de la interacción entre una serie de factores (Luria,1988), entre los que se encuentran 1) el factor cinestésico, que brinda la información necesaria respecto a la posición de la mano para realizar la acción, 2) el factor cinético, el cual posibilita la sucesión de las inervaciones y denervaciones necesarias para la integridad del movimiento, y finalmente, 3) el factor espacial, el cual aporta el componente cognoscitivo necesario para la discriminación de las coordenadas espaciales en las cuales transcurre la ejecución de las praxias (Buller, 2000).

En ese sentido, un niño al que se le muestran burbujas hechas con jabón y agua para tomarlas y/o reventarlas, requiere conocer cómo funcionan sus extremidades para alcanzar la burbuja que se mueve en el espacio.

Trayectoria

La trayectoria de la acción es el resultado de la unión entre el esquema corporal del infante y los engramas motores. En este componente, la idea que se tiene sobre la función del cuerpo y la función del objeto se unen, dando como consecuencia la consolidación de secuencias específicas de las extremidades para la realización de una acción en particular, ya sea de forma aislada o en conjunto. Además de ello, este componente proporciona información sobre la secuencia lógica del movimiento y las características que debe adoptar cada paso de la secuencia para obtener el mejor resultado posible (Passingham, 1993). La principal diferencia entre los engramas del acto motor y la trayectoria, radica en que, en el primer caso, se habla únicamente de la secuencia de procesos cognoscitivos (atención, memoria, abstracción, etc.) que permiten la elaboración de un plan de acción. Mientras que, en el segundo caso, se hace énfasis en las acciones que ya son ejecutadas como producto de una planeación precedente.

Por ejemplo, una persona al vestirse tiene que realizar diferentes movimientos dependiendo de la prenda que desee ponerse. Si es una blusa, debe hacer una disociación de cada miembro y siguiendo un orden, realizar una secuencia de acciones simples, es decir, primero meter la cabeza en la prenda, luego el brazo derecho y luego el izquierdo haciendo así un movimiento coordinado que permita lograr ponerse la blusa adecuadamente.

Control del acto motor: ajustes posturales

Este componente puede ser entendido como la habilidad de cambiar de posición y moverse de un lado a otro sin perder el equilibrio. Como se ha dicho anteriormente los movimientos dependen de la integración, tanto de los mensajes motores como de la entrada sensorial de los músculos, articulaciones, el sistema vestibular y las sensaciones percibidas por nuestra piel (Ayres, 1998). Cuando se habla de la ejecución de planes motores concretos, la capacidad de ajuste de un sujeto a las fuerzas físicas que interfieren con la ejecución de una acción concreta resulta relevante tanto para el éxito del sujeto como en su nivel de adaptación. En ese sentido, para que los brazos puedan obrar separados de nuestro cuerpo tenemos que mover el tronco y ajustar nuestro peso.

El ajuste postural es la habilidad que nos permite retomar una acción cuando esta ha quedado interrumpida, o reestructurar un plan inicial cuando este -al momento de ser ejecutado- ha resultado ineficaz o insuficiente para satisfacer criterios específicos de una tarea. Por ejemplo, cuando un infante debe saltar, las manos, piernas y pies deben adoptar posturas específicas para realizar el brinco. Sin embargo, es probable que debido a irregularidades en la superficie donde se realizará el salto, el infante deba modificar la postura inicial que había adoptado, y en lugar de ello, deberá mover constantemente los brazos para evitar caer y al mismo tiempo continuar con la actividad. De este modo el niño adopta parámetros espaciales y temporales, generando la capacidad de reubicar las distintas extremidades de su cuerpo con el afán de adaptarse a las nuevas secuencias de acción requeridas. Por otro lado, cuando el niño presenta problemas práxicos, los intentos para llevar a cabo movimientos calificados se caracterizan generalmente por errores espaciales y temporales severos, de modo que los pacientes realizan secuencias incorrectas alterando las posiciones de las manos; la postura general del cuerpo, la orientación de extremidades, o bien, problemas para coordinar las articulaciones (Roy, Black, Blair & Dimeck, 1998).

Por ejemplo, cuando un niño se tiene que subir por una escalera, primero tiene que alternar las extremidades de manera que suba coordinadamente, haciendo cambios de equilibrio tanto en piernas como en brazos, puesto que una de las extremidades cargara el peso de la extremidad que sube y deberá hacer un ajuste postural para no caer.

Espacialidad

Este componente permite juntar y organizar objetos de maneras diferentes y de formas novedosas, capacidades necesarias al momento de organizar un cajón o una maleta. Cuando realizamos un movimiento, es imprescindible calcular los movimientos en el espacio, medir la distancia a la que se encuentra el objeto y el recorrido que deben realizar las partes del cuerpo. Sin embargo, cuando se presenta una lesión cerebral, el individuo puede mostrar dificultades para medir la distancia a las que se encuentra el objeto, y, por lo tanto, dificultades en el tipo de adecuaciones espaciales que el cuerpo debe adoptar.

Por ejemplo, al pedirle al paciente que arroje pelotas dentro de un contenedor, este debe medir la distancia a la que se encuentra el depósito en donde debe insertar las pelotas. Conforme las va lanzando, puede ir corrigiendo el trayecto y los movimientos hasta que logré calcular la distancia y acierte en el objetivo. De igual manera, este debe medir si la apertura del bote es suficiente para que las pelotas quepan dentro, así como analizar cuál es la capacidad máxima del bote y no sobrepasarla.

Feedback

Este componente se refiere a la retroalimentación que proporcionan las diferentes partes del cuerpo a una determinada acción. Permite saber cómo se siente la acción motora para refinarla a partir de la propiocepción. Como se ha mencionado anteriormente, la relación motricidad-sensación juega un papel importante en la preparación y ejecución del acto motor. Este componente promueve la consolidación de las representaciones sensoriales de los objetos que el individuo manipula, las cuales se muestran como una fuente adicional de información que no solo permitirá concluir la acción, sino también corregirla y orientarla a un objetivo en específico, ya que el infante recibe una percepción sobre su propio desempeño y es capaz de calificarlo en función de su pertinencia y secuencia. Cuando se presentan lesiones en las áreas parietales, el sujeto no recibe la propiocepción adecuada que le permita conocer de forma precisa en qué posición está su cuerpo, cómo se está moviendo y cuáles son los ajustes que debe realizar (Ayres, 1998, p.127).

Por ejemplo, cuando un niño está aprendiendo a jugar básquetbol, se para unos metros frente a la canasta y lanza el balón hacia ella. Si el balón rebota contra la canasta, el individuo tiene que hacer un ajuste en la fuerza que aplicó al lanzar de nuevo el balón. En la siguiente ocasión, si el balón no llega a la canasta tendrá que medir la fuerza con la que lo lanzará la siguiente vez, valiéndose de la constantemente retroalimentación hasta conseguir encestar.

Feedforward

El feedforward permite adelantarse al siguiente paso, tomando las señales perceptivas que brinda el ambiente, por lo que puede ser entendido como un mecanismo de anticipación inmediata. Tanto el feedback como el feedforward trabajan en conjunto cuando debemos autocorregir un error de manera inmediata (Ayres, 1998, p.127). Al igual que con el feedback, la alteración de este componente impide al niño la capacidad de autoobservarse y autocorregirse.

Un ejemplo de lo anterior se ve reflejado cuando una persona desea salir de un salón cerrado, tiene que levantarse de su silla y caminar hacia la puerta que se encuentra cerrada; mientras más cerca esté, va preparando el movimiento que necesitará para abrir la puerta, hasta que a uno cuantos centímetros de llegar, adelanta su brazo y mueve la mano de manera que pueda tomar la perilla y girarla para así poder salir del salón donde se encuentra.

Velocidad, amplitud y profundidad del objeto

Este componente en particular habla de los tres parámetros físicos básicos para la producción del movimiento: 1) velocidad a la que se lleva a cabo el movimiento, 2) amplitud del movimiento (permite el desplazamiento con base en el acercamiento o alejamiento de un punto), y 3) profundidad del objeto dentro del cual nos movemos (Castillo-Ruben, 2011, p.36). Estas tres variables constantemente son modificadas, ya que, aunque las actividades a realizar pueden repetirse, las condiciones físicas y espaciales de la acción tienden a cambiar fácilmente. Por esta razón, la alteración de este componente impide al paciente realizar una modulación adecuada de la actividad motora.

Por ejemplo, un niño que brinca una cuerda de forma individual debe moderar el movimiento de sus muñecas dependiendo de la velocidad a la que quiere brincar, así como regular qué tan arriba debe llegar la cuerda de manera que libre la cabeza del niño, y qué tan abajo para que no se arrastre en el piso.

Timing y Secuencia

Este componente regula el tiempo y el orden correcto en el que se deben ejecutar los movimientos. Como se ha mencionado en párrafos anteriores, la ejecución de una acción requiere de secuencias estructuradas a nivel cognoscitivo y realizadas de manera correcta a nivel conductual, no obstante, cada uno de los pasos deben embonar con los requerimientos espacio-temporales de la acción. En ese sentido, los sistemas de timing y secuencia no solo vigilan que los movimientos sean ejecutados en tiempo y forma, sino que, además, aceleran o disminuyen la velocidad de su ejecución. Por ejemplo, cuando el infante aprende a bañarse, es probable que en las primeras ocasiones este no se haya quitado la ropa primero antes de abrir la llave, o bien, que intente secarse antes de cerrar las llaves del agua, haciéndose evidente los problemas de organización en la secuencia de movimientos que se requieren para realizar una tarea específica como tomar una ducha (Ayres, 1998, p.81). Además de ello, en este tipo de casos es común observar que el infante tiene un manejo inexperto de los objetos; tira los objetos o los maneja con poco cuidado.

De lo anterior, se pueden nombrar varios ejemplos: cuando dos niños están jugando bádminton tienen que esperar a que el gallito se acerque a ellos para golpearlo en dirección al oponente. Una vez lanzado, uno de ellos deberá moverse de manera que se acerque a la dirección hacia donde caerá el gallito, y una vez ahí, se detenga y pueda golpearlo en el momento exacto, direccionándolo hacia el otro jugador. Asimismo, un niño con intenciones de cruzar el pasamanos no puede solo brincar y colgarse de los barrotes horizontales para crúzalo, ya que no los alcanzaría, sino que debe primero escalar por los barrotes verticales que se encuentran a un costado para poder alcanzar el pasamanos, posteriormente debe intercalar mano derecha y la mano izquierda a modo de ir avanzando por los barrotes horizontales, y así, poder llegar al otro lado donde se encuentran los barrotes verticales que utilizará para bajar.

Melodía cinética

Autores como Luria (1988), han descrito que la secuencia de movimientos es el producto de una comunicación y procesamiento de la información neuronal armoniosa. En ese sentido, la melodía cinética debe ser entendida como uno de los componentes que tienen un carácter integrador en el comportamiento motor. En parte, para la formulación de este componente es necesario que las vías de procesamiento parieto-temporo-occipital integren información sensitiva y propioceptiva, y de forma simultánea, establezcan comunicación entre los sistemas de procesamiento del lóbulo frontal y las áreas de interacción del resto de la corteza. Este fenómeno favorece tanto la jerarquización de información como la planeación de la respuesta motora. Por otro lado, la melodía cinética involucra la integración de otros componentes, como la secuenciación, el timing, el esquema corporal, la retroalimentación, la planeación, el pensamiento lógico, etc.

Por ejemplo, al botar una pelota en el suelo es necesario llevar una secuencia. El movimiento de la mano debe llevar un ritmo que dirija la pelota botada, ya sea de forma rápida o lenta; cada velocidad se caracteriza por un ritmo propio y constante. Cuando los sistemas de melodía cinética no tienen un funcionamiento óptimo, el infante es incapaz de regular el movimiento de la pelota, sujetar u otorgarle características constantes a su movilidad, limitando así su capacidad para adaptarse a los estilos de juego de los niños de su edad, o a reglas de juego específicas y socialmente estipuladas.

Graduación de la intensidad, velocidad y metría del movimiento

Como se ha mencionado anteriormente, la integración del acto motor requiere de un gran número de habilidades. Entre las más importantes para su adecuada realización se encuentra el correcto manejo de las propiedades físicas del movimiento; la intensidad, la velocidad, la duración, la frecuencia, la simetría y la coordinación. Dichos aspectos resultan esenciales, ya que representan un nivel de análisis complejo en el que la información de la respuesta motora es integrada. Ante una lesión cerebral adquirida, el paciente puede presentar dificultades para medir la cantidad de fuerza que debe emplear, los tiempos en que debe realizar el movimiento y el cálculo de distancias, pesos, tamaños, formas, etc. (Ayres, 1998, p.98).

Un ejemplo de lo anterior sería el siguiente. Al jugar en una mesa de ping-pong se debe medir la cantidad de fuerza con la que se golpea la pelota, la dimensión de la raqueta y de la pelota, la trayectoria del golpe y la trayectoria que debe adoptar la pelota con el objetivo de que no salga disparada fuera de la mesa de juego, así como calcular el movimiento que debe hacer el brazo para direccionar la pelota hacia el otro lado de la red.

A lo largo del capítulo se recalca el papel esencial que juega el comportamiento motor en el desarrollo humano, debido a que la adquisición de las praxias y su correcta ejecución se relacionan de manera directa con los procesos de aprendizaje más complejos, así como con la consolidación de los procesos cognoscitivos y el procesamiento ejecutivo. En esta misma línea, la definición adecuada de las praxias y sus alteraciones (apraxias) permite 1) el correcto diagnóstico y evaluación de los trastornos motores, 2) la elaboración de un pronóstico de recuperación y 3) la formulación de programas y técnicas de rehabilitación -conductual y cognoscitiva- apropiadas a las necesidades físicas e intelectuales del paciente. La definición precisa del término apraxia involucra la descripción de los componentes que estos patrones de comportamiento deben poseer. La propuesta que se ha descrito aquí se basa en sus componentes neurofuncionales y neuropsicológicos. La caracterización de las condiciones físicas y cognoscitivas de la praxia, permiten ubicar cómo ocurre este proceso y, comprender en mejor medida, cómo funciona la compleja red de procesamiento de nuestro cerebro para dar pasó a la ejecución de acciones concretas y utilizar los objetos del medio como extensión de uno mismo.

Asimismo, la ejecución y desarrollo de los patrones práxicos cruza con el desarrollo de otros procesos cognoscitivos como la atención, la memoria, el razonamiento, la planeación, el autocontrol, las funciones ejecutivas, entre otros. Esta compleja interrelación tiene lugar entre la dimensión biológica de un individuo y su desarrollo neuropsicológico. De esto se concluye que el cerebro funciona como un mediador y regulador del comportamiento. El desarrollo cerebral en aislado no es suficiente para explicar el desarrollo de los procesos cognoscitivos, ya que su adecuada

conformación dependerá en gran medida de la estimulación que tiene el medio sobre cada persona y, por lo tanto, de los modelos sociales y culturales de los que disponga el infante durante su desarrollo.

En ese sentido, el déficit en cualquiera de estos procesos

puede ser consecuencia de la combinación entre alteraciones a nivel orgánico y deficiencias en la estimulación del medio de desarrollo (por ejemplo, un estilo de crianza inadecuado, poca estimulación durante los primeros años de vida, sistema educativo deficiente, etc.). De esta manera, se entiende que el déficit cognoscitivo se traduce en alteraciones práxicas y viceversa; así los casos específicos de apraxia tienen por consecuencia alteraciones en los patrones motores programados y alteraciones en la integración de los procesos cognoscitivos.

Finalmente, es fundamental realizar una evaluación que permita no solo conocer los déficits que presenta el sujeto en cuanto a su movilidad y la acción sobre los objetos, sino, además, indagar sobre las capacidades conservadas y bien desarrolladas que serán la base de las sesiones del tratamiento. Con la evaluación, es posible ubicar cuáles son las habilidades precurrentes que deben ser entrenadas y/o reforzadas antes del entrenamiento formal de las praxias, y simultáneamente, planificar las estrategias o programas de rehabilitación adecuados para cada paciente.

De esta manera, se hace hincapié en que, desde la neuropsicología, el proceso de rehabilitación debe enfocarse en el trabajo sobre los distintos procesos cognoscitivos de una manera dinámica. Es decir, se busca que la adquisición de dichas habilidades sea resultado de un "aprender haciéndolo", en el cual, al establecer rutinas con tareas específicas, el individuo se sienta confiado y seguro al actuar dentro de su propio entorno, sabiendo que el terapeuta le proporcionará la retroalimentación necesaria para mejorar su desempeño y realizar tareas cada vez más complejas (Florencia-Durand, Gago-Galvano y Elgier, 2017)

Las alteraciones en las praxias abarcan anormalidades locomotoras, desequilibrio, respuestas posturales inapropiadas y falta de iniciación del automatismo de la marcha, las cuales están presentes en la ejecución anómala de tareas cotidianas, por lo que su rehabilitación debe estar orientada a normalizar el comportamiento del infante por medio de un aprendizaje bidireccional en el cual aprenda del terapeuta en un ambiente adecuado y se muestre cada vez más propositivo y reactivo a las demandas que este ambiente le genera.

Referencias

Ayres, A. (1998). *La integración Sensorial y el niño.* México. México: Editorial Trillas.

Aza, E. (2017). Juego y Creatividad: El redescubrimiento de lo lêdico. Aportes práxicos a la fundamentación de algunos pilares de la ciencia de la motricidad humana. *Revista Sentidos da Cultura, 2*(3), 04-12.

Bellefeuille, I. (2006). Un trastorno en el procesamiento sensorial es frecuentemente la causa de problemas de aprendizaje, conducta y coordinación motriz en niños. *Boletín de Pediatría, 46*, 200-203.

Buller, I. (2008). Diagnóstico y rehabilitación neuropsicológica en el contexto de la atención pública terciaria chilena. *Cuadernos de Neuropsicología, 2*(1), 10-23.

Castillo-Ruben, A. (2011). *Diferentes propuestas de rehabilitación neuropsicológica en Latinoamérica.* México: ALAREN.

Chéron, G. (2018). Neurofisiología del movimiento. Oscilaciones neuronales y aprendizaje motor. *EMC-Kinesiterapia-Medicina Física, 39*(2), 1-11.

De Renzi, E. & Luchelli, F. (1988). Ideational Apraxia. *Brain, 111*(5), 1173- 1185.

Florencia-Durand, M., Gago-Galvano, L. & Elgier, A. (2017). Rehabilitación de las actividades de la vida diaria en pacientes con apraxia del vestir. *Cuadernos de Neuropsicología- Panamerican Journal of Nueropsychology, 11*(3), 42-53.

García-Peña, M. & Sánchez-Cabeza, A. (2004). Alteraciones perceptivas y práxicas en pacientes con TCE: Relevancia en las actividades de la vida diaria. *Revista de Neurología, 38*, 775-784.

Goldenberg, G. & Spatt, J. (2009). The neural basis of tool use. *Brain, 132*(6), 1645-1655.

Gómez, P. & Politis, D. (2011). Correlaciones entre apraxia y memoria de trabajo. *Neuropsicología Latinoamericana, 3*(2), 23-30.

Jeannerod, M., Arbib, M., Rizzolatti, G. & Sakata, H. (1995). Grasping objects: the cortical mechanisms of visuomotor transformation. *Trends in Neurosciences, 18*, 314-320.

Lopera, F., Bobes, M. & Valdés-Sosa, M. (2012). ¿Cómo procesa el cerebro las caras? En *Tendencias actuales de las neurociencias cognoscitivas,* México: Manual Moderno.

Lorenzo-Otero, J. (2001). Apraxia ideomotriz y habilidades visuoconstructivas. *Revista de Neurología, 32*(5), 473-477.

Luria, A. (1988). *El cerebro en acción.* España: Martínez Roca.

Passingham, R. (1993). Los lóbulos frontales y la acción voluntaria. Oxford: Prensa de la Universidad de Oxford.

Pérez-Mármol, J., López-Alcalde, S., Carnero-Pardo, C., Cañadas-De la Fuente, G., Peralta- Ramírez, M. & García-Ríos, M. (2015). Creación de un diseño de un test para la evaluación de la apraxia de miembros superiores (EULA) basado en un modelo cognoscitivo: un estudio piloto. *Revista de Neurología, 60*, 66-74.

Pérez-Martínez. A. & Puente-Muñoz, A. (2007). Apraxia unilateral del cierre palpebral tras un ictus isquémico: el papel del hemisferio derecho en la comunicación gestual. *Revista de Neurología, 44*(7), 411-414.

Roselli, M. (2015). Desarrollo neuropsicológico de las habilidades visoespaciales y visoconstructivas. *Revista de Neuropsicología, Neuropsiquiatría y Neurociencias, 15*(1), 175-200.

Roy, E. (1996). Hand preference, manual assymetries, and limb apraxia. En *Manual asymmetries in motor control.* Boca Raton: CRC Press.

Roy, E., Black, S., Blair, N. & Dimeck, P. (1998). Analyses of deficits in gestural pantomime. *Journal of Clinical and Experimental Neuropsychology, 20*(5), 628-643.

Schlemenson, S. (1997). *El aprendizaje: un encuentro de sentidos.* Buenos Aires: Kapelusz. http://www.bibliopsi.org/docs/carreras/electivas/ECFP/Psicopedag ogiaclinicaSchlemenson/el%20aprendiz%20un%20encuentro%20de%20sentidos- %20schelemenson.pdf

Stamenova, V., Roy, E. & Black, S. (2009). A Model-Based Approach to Understanding Apraxia in Corticobasal Syndrome. *Neuropsychology Review, 19*, 47–63.

Stamenova, V. (2010, Julio). *A Model-based Approach to Limb Apraxia: Evidence from Stroke and Corticobasal Syndrome* [Tesis Doctoral]. Universidad de Toronto, Canada.

Vingerhoets, G. (2014). Contribution of the posterior parietal cortex in reaching, grasping and using objects and tools. *Frontiers in Psychology, 5*, 151.

CAPÍTULO 5

UNA CLASIFICACIÓN DE LAS APRAXIAS Y REHABILITACIÓN NEUROPSICOLÓGICA TRADICIONAL

Hacia finales del siglo XIX, Steinthal (Goldenberg, 2003) utilizó por primera vez el término apraxia para describir un trastorno en los movimientos aprendidos como resultado de una lesión cerebral. En 1905 Liepmann describió un paciente que presentaba una dificultad grave para producir movimientos voluntarios con la mano izquierda al igual que una afasia profunda. Supuso que la afasia no era suficiente para explicar la apraxia y existía además un defecto en la planeación de los movimientos, por lo que Liepmann es considerado el primer autor en describir el mecanismo de la apraxia como un trastorno en la planeación de los movimientos (Liepmann, 1905a; 1907).

Liepmann (1920) también definió la apraxia como un trastorno en la producción de movimientos aprendidos (o elaborados) que no es el resultado de debilidad, parálisis, incoordinación, o pérdida sensorial. Según este autor, en una persona la apraxia se manifiesta como una incapacidad para mover partes del cuerpo de una forma dirigida, a pesar de que la movilidad se encuentra conservada.

Los estudios realizados por Liepmann proponían que el hemisferio izquierdo era responsable por la ejecución de los movimientos aprendidos con cualquiera de las dos manos. Liepmann estudió a un paciente con una lesión del cuerpo calloso incapaz de producir movimientos aprendidos con su mano izquierda no parética (Liepmann y Maas, 1907). Además, el paciente era incapaz de escribir y no podía siquiera colocar sus manos en la posición requerida para realizar esta actividad. Este paciente también mostraba dificultades en el uso de herramientas y objetos. Liepmann supuso que el efecto de la lesión en el cuerpo calloso fue desconectar la memoria de los movimientos localizada en el hemisferio izquierdo, del área motora primaria del hemisferio derecho, responsable del control de los movimientos voluntarios con la mano izquierda.

Liepmann (1905a, b) distinguió tres tipos de apraxia: (1) apraxia cinética, (2) apraxia ideocinética o ideomotora y (3) apraxia ideacional (Liepmann y Maas, 1907). Describió la apraxia cinética como una pérdida de los componentes cinéticos de los engramas, lo que da como resultado movimientos burdos o poco elaborados que no parecen haber sido realizados previamente. La apraxia ideomotora se describió como la pérdida de la habilidad voluntaria para ejecutar movimientos previamente aprendidos. Y finalmente, la apraxia ideacional se definió como un trastorno en el conocimiento ideacional (conceptual) que resulta en la pérdida del enlace conceptual entre los instrumentos y sus respectivas acciones, al igual que en la habilidad para secuenciar correctamente los movimientos producidos. Algunos movimientos pueden estar ausentes en una secuencia de movimientos; o pueden estar en un orden incorrecto; o los movimientos pueden ser correctos pero producidos con un instrumento incorrecto. Otros autores han definido la apraxia como la pérdida de la habilidad para producir movimientos elaborados con propósito, resultante de una patología cerebral (Heilman y Watson, 2008; McClain y Foundas, 2004).

Tradicionalmente, existen diferentes perspectivas sobre la clasificación de las apraxias. Comúnmente se considera la apraxia ideomotora y la apraxia ideacional como los dos tipos principales de apraxia motora observadas en las extremidades; y la apraxia construccional y del vestirse como apraxias asociadas con defectos visoespaciales. Sin embargo, algunos autores (Poeck, 1986) consideran que estas dos últimas alteraciones (construccional y del vestirse) no son exactamente apraxias propiamente dichas y prefieren incluirlas dentro de los trastornos espaciales. Otros tipos de apraxia frecuentemente referidos en la literatura son la apraxia bucofacial (o bucolinguofacial o apraxia oral), la apraxia verbal, la apraxia de la marcha, la apraxia del tronco (apraxia axial), y la apraxia ocular (Balint, 1909; Buckingham, 1991; De Renzi y Faglioni, 1989; Holmes, 1918; Meyer y Barron, 1960; Poppelreuter, 1917; Tognola y Vignolo, 1980).

Como se ha mencionado anteriormente, la controversia que ha motivado la realización de este trabajo se localiza en el hecho de que desde los primeros estudios de apraxia en el siglo XIX y XX hasta nuestros días, no existe un consenso en las formas de dividir y organizar los muy diferentes síndromes clasificados como apraxia. Si bien las clasificaciones empleadas actualmente muestran cierto grado de utilidad, cuentan con múltiples limitaciones y afectan el desempeño profesional del neuropsicólogo tanto en el campo teórico como aplicado. Desde los estudios clásicos hasta las publicaciones más actualizadas, los distintos autores han basado la clasificación de las apraxias en una serie de componentes específicos.

Por ejemplo, se ha señalado que la apraxia puede ser clasificada en función de: 1) la parte del cuerpo que ha sido afectada o que ha perdido su función (Dovern, Fink, Weiss, 2012); 2) *el área sensitiva que a nivel cortical muestra disfuncionalidad,* como puede ser la corteza parietal inferior izquierda, específicamente las áreas motora y premotora izquierda y motora suplementaria izquierda; 3) *si el uso de herramientas u objetos es afectado,* ya sea por un daño transitivo o intransitivo (Ochipa, Rothi, Heilman,1989); 4) *presencia de déficits en el uso de las pantomimas y la gesticulación,* como ocurre en el caso de la apraxia ideomotora; o bien, en función de si 5) *el paciente preserva el conocimiento sobre el uso de herramientas,* como ocurre en el caso de la apraxia conceptual (Ochipa, Rothi y Heilman, 1992).

En las siguientes tablas resumimos la clasificación de apraxias más comunes, en la Tabla 1 se muestra la clasificación general de las apraxias propuesta por Liepmann (Citado en Goldenberg, 2013), mientras que en las Tablas 2, 3, 4, y 5 se habla de sub-clasificaciones derivadas de los componentes de la apraxia. Hay que señalar que las clasificaciones fueron realizadas en función de: 1) aspectos específicos de la movilidad, 2) alteraciones del movimiento de los efectores (extremidades), 3) alteraciones en la ejecución de tareas específicas y 4) apraxias de una lesión específica.

Clasificación general de Liepmann	
Tipo de apraxia	**Definición**
Apraxia ideatoria	Inicialmente se utiliza para referirse al deterioro en la organización conceptual de las acciones, evaluadas con el uso secuencial de objetos múltiples. Posteriormente se define como apraxia conceptual.
Apraxia conceptual	Deterioro en el concepto de una sola acción, caracterizado por errores de contenido y la incapacidad de utilizar herramientas.
Apraxia ideomotora	Deterioro en el desempeño de movimientos calificados, caracterizado por errores espaciales o temporales en la ejecución de movimientos.
Apraxia de miembros	Lentitud y rigidez de los movimientos con pérdida del movimiento fino, preciso e independiente de los dedos.
Apraxia constructiva	Dificultad para dibujar y construir objetos. Deterioro en la actividad combinatoria u organizativa en la que los detalles y la relación entre las partes componentes de la entidad deben ser claramente percibidos
Dispraxia del desarrollo	Trastornos que afectan la iniciación, organización y realización de acciones en niños.

Tabla 1. Clasificación más común de la apraxia.

La apraxia de acuerdo con la modalidad especifica en qué aspecto de la acción se presentan estas alteraciones, es decir, dentro de la secuencia de pasos a seguir para llevar a cabo una tarea determinada, cuál es la lesión y que vías del procesamiento de la información se han visto comprometidas. En la siguiente tabla presentamos un resumen de las mismas.

Apraxia específica de acuerdo con su modalidad	
Agnosia de la pantomima	Desempeño normal en la producción de gestos tanto la imitación como el comando verbal, pero desempeño pobre en la discriminación y comprensión de los gestos. Los pacientes con agnosia de la pantomima pueden imitar pantomimas que no pueden reconocer.
Apraxia de conducción	Rendimiento superior en la pantomima al comando verbal que en la imitación de la pantomima.
Apraxia visuo-imitativa	Desempeño normal en el mando verbal con imitación selectiva de los gestos. También se utiliza para designar la imitación defectuosa de gestos sin sentido combinada con la imitación preservada de gestos con significado.
Apraxia visual o visomotora	Interrupciones en las acciones que requieren soporte visual subyacente.
Apraxia táctil	Perturbación de los movimientos transitivos de las manos para uso, reconocimiento e interacción con un objeto, en presencia de movimientos intransitivos preservados.

Tabla 2. Tipos de apraxia específicos de acuerdo con la modalidad. Autoría propia.

Por otro lado, cuando se analiza la relación entre la función y la extremidad que presenta disfuncionalidad, la apraxia de los efectores define cómo las diferentes partes del cuerpo no realizan de manera adecuada una acción.

Este tipo de alteraciones se presentan tanto de forma aislada como en una alteración generalizada de la movilidad de grupos musculares o extremidades. En la siguiente tabla resumimos las apraxias que se presentan de acuerdo con los diferentes efectores.

Apraxia específica del efector	
Apraxia de la cara superior / inferior	Deterioro en la realización de acciones con partes de la cara.
Apraxia ora	Incapacidad para realizar movimientos calificados con los labios, las mejillas y la lengua.
Apraxia orofacial (o bucofacial)	Dificultades para realizar movimientos intencionales con estructuras faciales que incluye las mejillas, labios, lengua y cejas.
Apraxia de párpado	Dificultad para abrir los párpados.
Apraxia ocular	Deterioro en la realización de movimientos oculares sacádicos a comando.
Apraxia de miembro	Se utiliza para referirse a la apraxia ideomotora de los miembros frecuentemente incluye las manos y los dedos.
Apraxia del tronco (o axial)	Dificultad para generar posturas corporales.
Apraxia de la pierna	Dificultad para realizar movimientos intencionales con los miembros inferiores.

Tabla 3. Tipos de apraxia de acuerdo con el efector. Autoría propia.

En cuanto a la apraxia de tareas específicas, se han generado diversas clasificaciones que engloban alteraciones en grupos de tareas. Para ello se analiza la relación entre la habilidad práxica disminuida y la disminución de efectividad en aspectos específicos de la vida diaria, por ejemplo, acciones básicas como vestirse, comer, hablar, etc. En la siguiente tabla se muestra una síntesis de las apraxias que afecta a grupos de tareas específicos.

Apraxias específicas de la tarea	
Apraxia de la marcha	Deterioro de la capacidad para ejecutar movimientos altamente coordinados y practicados de las piernas, necesarios para caminar.
Apraxia de la mirada	Dificultad para dirigir la mirada.
Apraxia del habla (o apraxia verbal)	Alteraciones en la articulación de palabras.
Agrafia apráxica	Condición en la que se altera la escritura motora, pero se conserva la praxis de los miembros y la escritura no motora (mecanografía, letras de anagrama).
Apraxia del vestir	Incapacidad para realizar la tarea relativamente compleja de vestirse.
Apraxia disincrónica	No combinar movimientos simultáneos preprogramados.
Apraxia orientadora	Dificultad para orientar el cuerpo con referencia a otros objetos.
Apraxia de espejo	Un déficit para llegar a objetos presentados en un espejo.

Tabla 4. Tipos de apraxia de acuerdo con la tarea. Autoría propia.

Finalmente, hay que mencionar que las apraxias producto de lesiones específicas a nivel cortical se caracterizan por la manifestación de alteraciones motoras complejas en uno o ambos hemicuerpos, esto es producto de lesión cerebral generalizada de alguno de los hemisferios por lo que la adecuada movilidad de extremidades como piernas o manos es afectada. La lesión produce una inadecuada comunicación interhemisférica generando problemas como la apraxia cruzada. La tabla condensa las alteraciones según la localización de la lesión:

Apraxias específicas de la lesión	
Apraxia callosa	Apraxia causada por daño en el cuerpo calloso anterior que afecta generalmente a la extremidad izquierda.
Apraxia simpática	Apraxia del miembro izquierdo debido a daño en el hemisferio izquierdo anterior (la mano derecha está parcial o totalmente paralizada).
Apraxia cruzada	Patrón inesperado de apraxia de la extremidad derecha después de daño en el hemisferio derecho.

Tabla 5. Tipos de apraxias específicas de la lesión. Autoría propia.

Hasta este punto se han mencionado sistemas de clasificación de las praxias que parten de sus componentes funcionales, anatómicos o fisiológicos. Sin embargo, como ha de ser evidente, la sobre clasificación de las praxias ha generado un sentido de confusión, ya que a menudo las apraxias se presentan como trastornos motores generalizados en los cuales diversos grupos de componentes pueden haberse visto comprometidos y es poco viable reducir la manifestación clínica de la disfuncionalidad motora a uno solo de ellos o a un grupo de apraxias en particular. Autores como Ardila (2015a, b), basándose en la historia del término apraxia, así como en los trabajos de Luria, han propuesto una clasificación más precisa de los trastornos del movimiento partiendo de una visión general a casos particulares. De acuerdo con esta propuesta, los trastornos del movimiento pueden ser clasificados de forma general en: apraxias motoras y apraxias espaciales. Sin embargo, estos dos grupos están integrados por otros subtipos de apraxias.

En la Tabla 6 se presenta una clasificación general de las

apraxias (Ardila y Rosselli, 2007). Integra los subtipos señalados, teniendo en cuenta el segmento corporal comprometido (extremidades, cara o tronco), si se presenta en forma unilateral o bilateral, y finalmente, si se trata de una apraxia resultante de trastornos en la realización del movimiento (apraxias motoras) o se trata de trastornos de naturaleza espacial (apraxias espaciales).

APRAXIAS MOTORAS	A. Apraxias de las extremidades	**Bilaterales:** a) Ideomotora b) De las extremidades superiores c) De la marcha d) Ideacional **Unilaterales:** a) Cinética b) Simpática c) Callosa
	B. Apraxias de la cara	a) Bucofacial (oral) b) Ocular
	C. Apraxias axiales	a) Troncopedal
	D. Apraxias del lenguaje	a) Del habla b) Verbal
APRAXIAS ESPACIALES	A. Construccional B. Del vestirse	

Tabla 6. Clasificación de las apraxias (Ardila y Rosselli, 2007).

A continuación, se describen los tipos de apraxias propuestos en la anterior clasificación y los estudios realizados en cada una de ellas.

I. Apraxias motoras

Apraxias de las extremidades

Bilaterales:

Apraxia ideomotora

La apraxia ideomotora representa el trastorno práxico por excelencia y frecuentemente cuando se utiliza el término "apraxia" implícitamente se está suponiendo que se trata de una apraxia ideomotora. Sin embargo, la apraxia ideomotora puede pasar desapercibida, ya que los movimientos realizados en forma espontánea pueden ser casi normales, y las dificultades solo se manifiestan cuando el movimiento se realiza en forma dirigida, consciente, bajo la orden verbal. De Renzi (1985) señaló que la apraxia ideomotora representa un síndrome con pocas consecuencias funcionales. Se ha considerado generalmente que las señales ambientales suministran los contextos reales para mejorar las representaciones de las acciones y la ejecución de movimientos previamente aprendidos. Se ha sugerido también que las demandas cognitivas pueden ser diferentes en los contextos naturales, en los cuales los movimientos están guiados por las condiciones físicas específicas (Sunderland y Shinner, 2007). También se ha propuesto que en la apraxia no son las representaciones sobre el uso de los instrumentos lo que se encuentra alterado, sino el procesamiento cognitivo acerca de la posición y las relaciones espaciales entre la mano y el instrumento, requerido para la planeación y el control de acciones complejas (Sunderland, Wilkins y Dineen, 2011).

Aunque es usual evaluar la apraxia ideomotora únicamente en los miembros superiores, generalmente se encuentra que la apraxia también se manifiesta en los miembros inferiores, especialmente en caso de lesiones extensas del hemisferio izquierdo (Ambrosoni, Della Sala, Motto, Oddo y Spinnler, 2006). Es importante resaltar que los pacientes apráxicos también presentan defectos en los movimientos dirigidos cuando no existe control visual, lo cual puede interpretarse en el sentido de que el control visual representa un apoyo adicional (además de la propiocepción) para la realización de los movimientos en contextos naturales.

En la apraxia ideomotora se supone existe un defecto en la planeación del movimiento. Más aún, los pacientes apráxicos presentan un número significativo de errores de direccionalidad y muestran pobre coordinación en la torsión del hombro y el codo al iniciar un movimiento, lo cual es consistente con los defectos en la planeación de los movimientos (Mutha, Saingurg y Haaland, 2010).

Los accidentes cerebrovasculares representan la etiología más frecuente de las apraxias. Los tumores y los traumatismos craneoencefálicos pueden también asociarse con apraxia, en tanto afecten ciertas zonas críticas del cerebro (el lóbulo parietal izquierdo). De hecho, la apraxia se encuentra en una gran diversidad de síndromes clínicos. Los pacientes con demencia y degeneración corticobasal frecuentemente pueden presentar una apraxia ideomotora (Leiguarda *et al.*, 2003; Reich y Grill, 2009; Stamenova, Roy y Black, 2011). Una apraxia progresiva suele hallarse en caso de degeneración frontotemporal (Snowden, Neary y Mann, 2007). También, se ha reportado apraxia en la parálisis supranuclear progresiva (Soliveri, Piacentini y Girotti, 2005). Por otro lado, la apraxia ideomotora de las extremidades es común en la enfermedad de Huntington (Holl *et al.*, 2011). En la enfermedad de Alzheimer la gravedad de la apraxia se correlaciona con la progresión de la enfermedad (Rousseaux, Rénier, Anicet, Pasquier y Mackowiak-Cordoliani, 2012).

Asimismo, la apraxia de las extremidades también puede hallarse en la esclerosis múltiple (Kamm *et al.*, 2012).

Los defectos en la comprensión de lenguaje y los trastornos en los movimientos se deben evaluar antes de hacer un diagnóstico de apraxia. También se debe descartar una agnosia visual cuando un paciente selecciona el instrumento inadecuado para una tarea; el paciente debe ser capaz de nombrar el instrumento o describir su función, para poder estar seguros de que se trata de una apraxia y no de una agnosia visual.

La apraxia ideomotora puede manifestarse en diferentes segmentos corporales y es usual distinguir cuatro subgrupos, según el segmento corporal en el cual se manifieste: apraxia de las extremidades, apraxias de la cara (bucofacial y ocular), apraxias axiales, y finalmente apraxias del habla y el lenguaje.

a) Apraxia de las extremidades superiores

La apraxia de las extremidades superiores representa el trastorno gestual más frecuentemente observado en pacientes con accidentes vasculares de la arteria cerebral media izquierda (Poeck, 1986). En este tipo de apraxia los movimientos simples y complejos, con significado o sin él, se encuentran igualmente alterados. Estos pacientes, presentan la mayor dificultad cuando se les pide que imaginen como usarían un objeto. La ejecución puede mejorar un poco por imitación o con la utilización directa del objeto, pero siempre sin lograr una ejecución totalmente correcta.

Otra característica se refiere al hecho de que la ejecución de movimientos está alterada únicamente, o al menos principalmente, cuando el sujeto realiza el movimiento fuera del contexto natural. Si, por el contrario, el paciente ejecuta el mismo movimiento en su ambiente natural, no necesariamente se observan errores, o al menos, su ejecución es considerablemente superior. Por ejemplo, un paciente puede ser totalmente incapaz de mover la mano para hacer el gesto de despedirse; sin embargo, al terminar la evaluación puede en forma natural mover la mano para despedirse del examinador en forma correcta.

Los defectos observados en la apraxia de las extremidades superiores incluyen: la incapacidad para ejecutar el movimiento, la simplificación o incompletez, la utilización de claves producidas por el mismo paciente, las respuestas aproximativas, las autocorrecciones, la utilización de la mano como instrumento, los errores espaciales en la orientación de los dedos o de la mano con relación a otras partes del cuerpo, las verbalizaciones y onomatopeyas, la exageración del movimiento, las substituciones por perseveraciones y los errores parapráxicos (De Renzi y Faglioni, 1989; Geschwind y Damasio, 1985; Poeck, 1986). Los movimientos realizados por el paciente son difusos, amorfos, abreviados y deformados; dos o más movimientos son incorporados en uno solo; se observa incremento de los gestos y verbalizaciones continuas. Las parapraxias pueden definirse como movimientos cuyos elementos han sido incorrectamente seleccionados y que se producen en una secuencia incorrecta (Poeck, 1986). Se observa en procesos degenerativos que afectan a la corteza parietal y frontal (Zadikoff y Lang, 2005).

Hay una gran relación entre la apraxia de las extremidades y la afasia. En pacientes con lesiones hemisféricas izquierdas de manera frecuente coexisten ambas alteraciones. Si bien es cierto que la afasia puede dificultar la realización de posturas tras orden verbal, no tiene por qué afectar a la imitación de gestos (Gross y Grossman, 2008).

Apraxia de la marcha

Dificultades en la marcha se asocian con apraxia de las extremidades inferiores. La alteración de la marcha caracterizada por espasticidad y dificultades en la iniciación de los movimientos ha sido denominada como marcha frontal o apraxia de la marcha (Meyer y Barron, 1960). Frecuentemente, se ha descrito asociada con el síndrome de hidrocefalia normotensa. La apraxia de la marcha se caracteriza por una imposibilidad para caminar; el paciente queda como adherido al piso, sin poder levantar los pies, y por esta razón ha recibido también el nombre de "marcha magnética". Sin embargo, los pacientes que presentan apraxia de la marcha pueden ser capaces de mover los pies cuando se encuentran sentados, y aún les es posible caminar si se les suministran órdenes elementales, tales como "levante su pie derecho, ahora el izquierdo," etc. Frecuentemente, se encuentra signo de Babinski bilateral y puede asociarse con la presencia de otros reflejos patológicos.

Apraxia ideacional o ideatoria

El término apraxia ideacional ha sido utilizado en dos formas ligeramente diferentes: (1) como una incapacidad para realizar una serie de actos, un plan ideacional (i.e., preparar café); o (2) como una inhabilidad para entender cómo se utilizan los objetos (conocimiento de la acción de los objetos). En este último sentido, la apraxia ideacional puede interpretarse como una agnosia para el uso de los objetos, o simplemente una apraxia conceptual (Heilman y Gonzalez-Rothi, 1993; Ochipa, Rothi y Heilman, 1989). En 1905, Pick describió el primer caso de un paciente con apraxia ideacional quien intentaba peinarse utilizando la navaja de afeitar y escribir utilizando unas tijeras. Asimismo, Ochipa et al. (1989), informaron de un paciente que utilizaba la crema dental como cepillo de dientes y el cepillo de dientes como crema dental.

Si se considera la apraxia ideacional como la incapacidad para llevar a cabo una serie de actos, un plan ideacional; se encuentra entonces alterada la sucesión lógica de los movimientos, a pesar de que el paciente puede ser capaz de ejecutar adecuadamente cada uno de los elementos de la secuencia. Así, por ejemplo, si el paciente va a encender un cigarrillo, en lugar de sacar el cigarrillo de la cajetilla, colocárselo en la boca, encender el fósforo, y apagar el fósforo, el paciente podría encender el fósforo y apagarlo antes de sacar el cigarrillo de la cajetilla. Los actos motores complejos o secuencias motoras complejas son precisamente los que se encuentran alterados. La desorganización de la secuencia motora se puede observar de varias maneras, bien sea porque el acto motor queda incompleto y el paciente detiene el movimiento antes de completarlo, o reemplaza el movimiento por otro similar (parapraxia), o invierte el orden de la secuencia. El movimiento es ejecutado correctamente en los casos en los cuales la elaboración del movimiento no exige un plan determinado de sucesión de actos simples; estos pacientes pueden imitar movimientos sencillos, pero no secuencias elaboradas. No es usual, aunque si posible, encontrar apraxia ideacional independiente de la apraxia ideomotora.

La apraxia ideacional se ha descrito frecuentemente en casos de demencia de tipo Alzheimer (Cummings y Benson, 1992; Lucchelli y De Renzi, 1993), y se asocia con lesiones extensas del hemisferio izquierdo y con lesiones del cuerpo calloso (Watson y Heilman, 1983). También se puede encontrar en la enfermedad de Parkinson (Qureshi, Williamson y Heilman, 2011). De igual forma, Ochipa et al. (1989) describieron un caso de apraxia ideacional como consecuencia de una lesión del hemisferio derecho en un paciente zurdo.

Unilaterales:

Apraxia cinética

La apraxia cinética o melocinética fue descrita por Kleist (1907) como una apraxia en la ejecución pura del movimiento relacionada solamente con una pequeña porción muscular. Liepmann la incluyó en su taxonomía junto con la apraxia ideomotora e ideacional (Liepmann y Maas, 1907). Se manifiesta específicamente por la imposibilidad para realizar movimientos rápidos y seriados, tales como presionar repetidamente un botón, tocar el piano, etc.

Se observa una pérdida en la velocidad y la exactitud del movimiento, pero con conservación de la intención. En ocasiones es difícil diferenciarla de una hemiparesia, de hecho, frecuentemente se asocia con algún nivel de hemiparesia. Por otro lado, Hécaen y Albert (1978) definen la apraxia melocinética como un trastorno que se encuentra entre una paresia y una apraxia.

La apraxia melocinética se observa típicamente en solo un miembro superior, usualmente como consecuencia de lesiones frontales premotoras contralaterales. En numerosos estudios, se ha demostrado que la apraxia cinética de los miembros se produce por lesión en el hemisferio dominante (Bradley, Daroff, Fenichel y Jankovic, 2004). Debido a que representa una pérdida de los movimientos finos, el trastorno se hace más obvio cuando se examinan los movimientos distales como los movimientos de los dedos. Luria (1976) caracteriza este tipo de apraxia como una pérdida de la melodía cinética, denominándola apraxia cinética o eferente. Este tipo de apraxia se asocia frecuentemente con fenómenos de perseveración y respuestas de prensión. La apraxia cinética de miembros se ha observado en enfermedades tales como la degeneración cortico-basal, enfermedad de Parkinson y en la parálisis supranuclear progresiva (Gross y Grossman, 2008).

Luria (1976) integró el concepto de apraxia cinética en sus explicaciones de la afasia de Broca (afasia motora eferente o afasia motora cinética según Luria). Los pacientes con este tipo de afasia presentan una apraxia cinética, o eferente, que involucra los movimientos requeridos para producir el lenguaje. En otras palabras, de acuerdo con Luria, la apraxia cinética representa uno de los defectos que subyacen a la afasia de Broca.

Apraxia simpática

Con este nombre se refirió Liepmann (1900-1977) a la apraxia observada frecuentemente en pacientes con afasia de Broca, o afasia global, y con hemiparesia derecha. Las dificultades gestuales de los miembros izquierdos son evidentes tanto a la orden verbal como por imitación. El paciente presenta entonces una hemiparesia en la mano derecha, y una apraxia ideomotora únicamente evaluable en la mano izquierda.

Apraxia callosa

Este tipo de apraxia observada en pacientes con lesiones del cuerpo calloso se caracteriza porque la mano izquierda es incapaz de realizar movimientos guiados verbalmente, a pesar de manipular correctamente los objetos e imitar adecuadamente los movimientos realizados por el examinador. Sin embargo, el paciente no puede describir el uso de un objeto a través de un movimiento.

Estos pacientes son incapaces de escribir con la mano izquierda (hemi-agrafia izquierda) en tanto que con la mano derecha escriben sin ninguna dificultad.

La apraxia callosa representa uno de los signos del llamado

síndrome de Sperry o síndrome del cerebro dividido. En estos pacientes existe una desconexión entre las áreas del lenguaje y el área motora del hemisferio derecho que controla los movimientos de la mano izquierda. Gazzaniga, Bogen y Sperry (1962), señalan aún la posibilidad de movimientos antagónicos entre las dos manos (dispraxia diagnóstica); así, por ejemplo, reportan el caso de un paciente quien intentaba colocarse los pantalones; sin embargo, la mano derecha actuaba acorde con la intención del paciente, en tanto que la mano izquierda realizaba una acción completamente opuesta, intentando bajarlos.

De igual forma, Geschwind y Kaplan (1962), describen a un paciente con un glioblastoma en el hemisferio izquierdo y un infarto de la arteria cerebral anterior izquierda, responsable de una lesión a nivel de la rodilla del cuerpo calloso. Este paciente presentaba apraxia con la mano izquierda únicamente ante las órdenes verbales, pero manipulaba apropiadamente los objetos e imitaba correctamente los movimientos con esa mano. No todos los casos descritos en la literatura con desconexión interhemisférica presentan las mismas características en su apraxia. Los casos descritos por Heilman, Bowers y Watson (1984) y Liepmann y Maas (1907) presentaban una apraxia con la mano izquierda para todo tipo de movimiento: a la orden verbal, por imitación y para la manipulación de los objetos. Estas diferencias en la caracterización de la apraxia han llevado a Heilman y Rothi (1985) a proponer que en algunos casos el lenguaje y los engramas visocinéticos están restringidos al hemisferio izquierdo, como en el paciente de Watson y Heilman, mientras que en otros casos el lenguaje estaría representado en el hemisferio izquierdo, pero existiría una representación bilateral de los engramas visocinéticos. En otras palabras, el déficit apráxico que se observa en caso de lesiones del cuerpo calloso dependería del tipo de dominancia motora y lingüística que presenta el paciente.

Apraxias de la cara

Dos formas principales de alteraciones apráxicas han sido descritas: la apraxia bucofacial (o bucolinguofacial o apraxia oral) y la apraxia oculomotora.

Apraxia bucofacial (oral)

La apraxia bucofacial fue descrita inicialmente por Jackson (Tognola y Vignolo, 1980), en un paciente incapaz de protruir su lengua ante la orden verbal, pero capaz de utilizar su lengua para removerse un fragmento de pan de su labio. Se refiere en consecuencia, a la incapacidad para ejecutar voluntariamente movimientos bucofaciales con los músculos de la laringe, la faringe, la lengua, los labios y las mejillas, aunque los movimientos automáticos con los mismos músculos se encuentran conservados. Tognola y Vignolo (1980) hallaron que la apraxia bucofacial se asocia con lesiones en el opérculo frontal y parietal, y la ínsula anterior del hemisferio izquierdo.

La apraxia oral puede llegar a asociarse con mutismo; se ha propuesto que el mutismo permanente puede implicar una lesión bilateral (Pineda y Ardila, 1992; Sussman, Gur, Gur y O'Connor, 1983), en tanto que el mutismo transitorio puede observarse en caso de lesiones unilaterales de la corteza motora inferior (Alexander, Benson y Stuss, 1989; Schiff, Alexander, Naeser y Galaburda, 1983). Starkstein, Berthier y Leiguarda (1988) reportaron el caso de un paciente con un mutismo transitorio cruzado, el cual era diestro y con un infarto isquémico en la ínsula derecha. El mutismo permanente puede ser el resultado de una apraxia bucofacial grave. En caso de lesiones unilaterales, se ha supuesto una acción compensatoria del área contralateral no afectada, responsable de la recuperación.

Alexander et al. (1989) han señalado que el daño en el opérculo frontal, la corteza motora inferior y la sustancia blanca subyacente, producen una alteración compleja en el lenguaje y el habla, caracterizada por un mutismo inicial asociado con hemiparesia y apraxia oral. La hemiparesia derecha desaparece, excepto para la parte inferior de la cara; la apraxia oral mejora lentamente; gradualmente el habla regresa, pero se observa un esfuerzo importante y una lentificación, una articulación anormal y una sintaxis limitada y en ocasiones incorrecta. El lenguaje escrito también se encuentra alterado. Luego de varias semanas, generalmente se observa una recuperación importante.

a) Apraxia ocular

La apraxia ocular u oculomotora o apraxia de la mirada, ha sido descrita en pacientes que pueden desplazar sus ojos hacia la derecha o la izquierda en forma refleja, pero han perdido esta capacidad cuando se intenta producir el mismo movimiento en forma voluntaria o bajo una orden verbal. Este trastorno fue descrito a principios del siglo XX por Balint (1909), Holmes (1918) y Poppelreuter (1917) como apraxia óptica o parálisis psíquica de la mirada en pacientes con lesiones parietales posteriores bilaterales. El paciente presenta dificultades evidentes en tareas de búsqueda visual y control dirigido (pero no reflejo) de los movimientos de los ojos.

La apraxia ocular usualmente se incluye como uno de los signos clínicos del síndrome de Balint (o síndrome de Balint-Holmes), el cual se asocia con lesiones parieto-occipitales bilaterales. Además, se incluye como signo clínico de la ataxia óptica (dificultades para guiar visualmente los movimientos y que se manifiestan en errores al tratar de tocar o agarrar los objetos), y los defectos en la atención visual (simultanagnosia: incapacidad para la percepción simultánea de varios estímulos).

Apraxias axiales

a) Apraxia troncopedal

Las apraxias axiales son formas de apraxia que comprometen los movimientos con el eje del cuerpo (De Renzi y Flagoni, 1989). La apraxia troncopedal se refiere entonces a la incapacidad para realizar movimientos corporales axiales, tales como sentarse, pararse en una posición particular, y similares. Algunos autores han encontrado un menor número de errores en los movimientos axiales que en los movimientos de las extremidades cuando la orden se presenta verbalmente (De Renzi y Faglioni, 1989).

Apraxias del lenguaje

Existen dos formas de apraxia que alteran la producción del lenguaje, una frontal cinética (usualmente referida como apraxia del habla) asociada con la afasia de Broca; y otra parietal ideomotora (frecuentemente denominada como apraxia verbal) asociada con la afasia motora aferente. Luria (1976), por ejemplo, propuso dos tipos de afasias motoras (motora eferente y motora aferente) correspondientes a las dos formas de apraxia: frontal cinética (apraxia del habla) y parietal ideomotora (apraxia verbal).

a) Apraxia del habla

La apraxia del habla representa un trastorno causado por una alteración en la planeación o programación de los movimientos secuenciales utilizados en la producción del habla. Se considera -junto con el agramatismo-, como uno de los dos elementos que subyacen a la afasia de Broca. Se observan distorsiones en los fonemas (desviaciones fonéticas), omisiones y substituciones de sonidos. La velocidad de producción está disminuida, el lenguaje se produce con esfuerzo

(Rosenbek, 1984), los errores en la producción son inconsistentes y el lenguaje automático es superior.

Dronkers (1996) estudió un grupo de pacientes con defectos en la planeación de los movimientos articulatorios del habla (apraxia del habla) y otros pacientes sin tales defectos. En todos los primeros pacientes y en ninguno de los segundos se encontraba una lesión que incluyera la ínsula anterior. En consecuencia, se puede considerar a la ínsula anterior como la estructura crítica en la planeación y organización de los movimientos del habla, y su lesión es responsable de la apraxia del habla.

b) Apraxia verbal

Darley, Aronson y Brown (1975) Definieron la apraxia verbal como una alteración en la producción del habla causada por un daño cerebral adquirido que afecta a la capacidad para programar las posiciones musculares y establecer la secuencia de los movimientos necesarios para producir los fonemas deseados. Para estos autores, las dificultades encontradas en el habla no podían ser explicadas por trastornos en el tono, la coordinación o la velocidad de los movimientos automáticos y reflejos.

II. Apraxias espaciales

Algunos trastornos de naturaleza espacial también han sido denominados como apraxias. Sin embargo, el uso del término apraxia ha sido polémico. En algún momento de la historia se prefirió el término apractoagnosia; y hoy muchos autores los consideran simplemente como trastornos visoconstruccionales, los cuales podrían considerarse como formas espaciales de apraxia (apraxias espaciales).

Apraxia construccional

El uso del término apraxia construccional se le atribuye generalmente a Kleist (1923), aunque Poppelreuter ya había descrito en 1917 la presencia de dificultades construccionales en un paciente que simultáneamente presentaba trastornos en el equilibrio, en las habilidades construccionales y en la imitación de movimientos.

Kleist consideró la apraxia construccional como un defecto para traspasar apropiadamente la información visual a la acción. Para Kleist, la apraxia construccional era consecuencia de una desconexión entre los procesos visuales y cinéticos. Enfatizó las dificultades espaciales, definiéndola como una alteración en las actividades construccionales, de ensamblaje y de dibujo. Inicialmente, la apraxia construccional se consideró como una consecuencia de lesiones cerebrales extensas, o lesiones focales izquierdas.

Lange (1936), propuso la denominación de apractangosia, ya que estrictamente no se trata simplemente de una apraxia o de una agnosia, sino de un síndrome intermedio. Además, lo relacionó claramente con lesiones hemisféricas derechas y propuso su asociación con otros defectos espaciales.

En los años cincuenta, Hécaen, Ajuriaguerra y Massonnet (1951), demostraron que las dificultades visoconstruccionales -dificultades en tareas de ensamblaje y dibujo- se asocian evidentemente con lesiones hemisféricas derechas. Existen rasgos claramente diferenciables con los defectos en el dibujo que en ocasiones aparecen asociados con lesiones hemisféricas izquierdas. Duensing (1953), sistematizó los errores en el dibujo observados en casos de lesiones cerebrales derechas e izquierdas, y aunque los pacientes con lesiones cerebrales tanto derechas como izquierdas pueden presentar dificultades en los dibujos, tales dificultades son diferentes.

McFie y Zangwill (1960) adoptaron esta distinción, pero denominaron apraxia construccional a las dificultades en el dibujo observadas en casos de lesiones parietales izquierdas, y agnosia espacial a los errores hallados en lesiones derechas. Piercy, Hecaen y Ajuriaguerra (1960) mostraron que las dificultades en el dibujo no solo son más frecuentes sino también más graves en casos de lesiones parietales derechas; más aún, presentan errores cualitativamente diferentes. Esto llevó a proponer que los defectos construccionales en caso de lesiones derechas son una consecuencia de los trastornos perceptuales, en tanto que los defectos en caso de lesiones izquierdas resultan de los defectos en la ejecución de la tarea.

Benton y Fogel (1962) correlacionaron la ejecución lograda por cien pacientes con daño cerebral en cuatro tareas construccionales: copia de diseños, construcción de figuras con palitos, construcción de modelos tridimensionales, y diseño con cubos. Las correlaciones fueron significativas, pero no muy altas (del orden del 0.50-0.60), cuestionando consecuentemente la homogeneidad del defecto medido a través de estas cuatro tareas. Ardila, Galeano y Rosselli (1998) utilizaron una muestra de sujetos normales y hallaron que tres tareas construccionales (copia de la figura compleja de Rey-Osterrieth, diseño con cubos y rompecabezas) no se correlacionaban significativamente. Sin embargo, la memoria de la figura compleja de Rey-Osterrieth se correlacionó con las otras dos tareas. Estos resultados sugieren que las habilidades construccionales son heterogéneas.

La apraxia construccional se asocia usualmente con lesiones parietales posteriores, aunque Benton (1968) observó que un número importante de pacientes con lesiones frontales derechas también presentan defectos construccionales. Luria y Tsvetkova (1964) proponen que los defectos construccionales hallados en caso de lesiones parietales y frontales obedecen a mecanismos diferentes: en lesiones parietales existen defectos en el análisis de las relaciones espaciales, en tanto que en lesiones frontales subyace una pérdida en la capacidad de planeación. Se ha señalado reiteradamente que los defectos construccionales son particularmente frecuentes en pacientes con daño cerebral difuso. Por ejemplo, los defectos construccionales constituyen uno de los signos más tempranos de la demencia, particularmente de la demencia de tipo Alzheimer.

Apraxia del vestido

Denominada inicialmente por Marie, Bouttier y Bailey en 1922 como *planotopoquinesia,* conjuntamente con otros trastornos espaciales, fue definida por Brain en 1941 como un trastorno aislado en la habilidad para vestirse; durante algún tiempo también se le consideró como un subtipo de apraxia ideacional. Fitzgerald, McKelvey y Szeligo (2002) hallaron que los trastornos visoespaciales representan el déficit fundamental subyacente a la apraxia del vestido.

En este tipo de apraxia el sujeto presenta dificultades para orientar las prendas de vestir y para relacionarlas con el cuerpo. Las manipula dándoles vuelta para uno y otro lado. En casos leves, el paciente logra colocarse la prenda luego de intentarlo durante cierto lapso de tiempo. Además, el paciente puede mostrar cierta confusión al hallarse ante la tarea de colocarse las prendas de vestir.

Muy frecuentemente el diagnóstico de la apraxia del vestido se hace simplemente a través de los datos de la historia suministrados por el paciente o por sus familiares. Sin embargo, se le puede solicitar al paciente que se coloque y se quite su saco o su camisa. Existen algunas pruebas sencillas, como es hacer el nudo de los zapatos o de la corbata, aunque se podría pensar que la dificultad que se observa al realizar estos movimientos no refleja necesariamente una apraxia del vestido, ya que no se puede observar la presencia de errores espaciales en la orientación del cuerpo con respecto a una prenda de vestir.

Como podemos ver, los estudios de las alteraciones de las praxias han puesto especial énfasis en la clasificación de lo que observamos en pacientes. Desde nuestra perspectiva, y de acuerdo con la propuesta de este libro, es fundamental conocer los modelos propuestos con respecto a las apraxias, el entendimiento profundo de los correlatos neuroanatómicos y sus alteraciones en la función motora, así, podremos intervenir en la rehabilitación neuropsicológica del paciente.

Aunque la clasificación de Ardila(2015a,b)escontemporánea y se adapta a la mayoría de los casos en los que una lesión cerebral provoca alteraciones en el movimiento. Existen casos específicos que pueden escapar a la caracterización de la apraxia que propone esta clasificación, por ejemplo, aquellos trastornos motoresquetienensuorigendesde la infancia y cuya sintomatología solo se ve amplificada por la lesión cerebral en la etapa adulta. Recordemos que los problemas en la ejecución de las praxias pueden ser producto tanto de alteraciones durante desarrollo, es decir, inmadurez neurológica o falta de estimulación durante los periodos críticos; o bien, producto de lesiones específicas del cerebro una vez que esta ya ha madurado. En cualquier caso, este tipo de alteraciones no solo limitan la capacidad el individuo para relacionarse con su entorno, sino que además limitan su capacidad de aprendizaje y exploración del mundo (Medrano, Nuñez y Salvatierra, 2017).

III. Rehabilitación tradicional de las apraxias

La rehabilitación cognitiva puede definirse como el conjunto de procedimientos aplicados para mejorar diversas capacidades, con el objetivo de promover una mayor independencia funcional en una amplia variedad de situaciones de la vida diaria (Torres *et al.*, 2008). Hasta ahora, pocos estudios han investigado la eficacia de los diferentes tratamientos de la apraxia. Esto puede deberse a la creencia errónea de que este padecimiento solo se hace evidente ante una evaluación neuropsicológica minuciosa, y que no afecta las actividades de la vida diaria (Dovern, Fink y Weiss, 2012). Existen diferentes tratamientos propuestos en la literatura (Buxbaum *et al.*, 2008; Dovern, Fink y Weiss, 2012; González y Heilman, 1997). En el presente capítulo mencionaremos algunas estrategias de manejo sindrómico, muchas de ellas realizadas en estudios de caso; los métodos reportados fueron variados y pueden resumirse como sigue:

Seis etapas de tareas jerárquicas

El método de jerarquía de tareas fue desarrollado por Code y Gaunt (1986), quienes estudiaron a un individuo con afasia severa crónica, apraxia ideomotora y apraxia ideatoria. El método consiste en que el paciente produzca seis palabras y gestos blanco en varias combinaciones, y en dos situaciones: a la imitación, cuándo las realiza el terapeuta, y en respuesta a un modelo o una fotografía. El paciente estudiado recibió sesiones de cuarenta y cinco minutos, una vez por semana, durante ocho meses. La mejoría resultó solo en las señales trabajadas, sin generalización a las no trabajadas.

Claves múltiples

El método fue desarrollado en 1991, por Maher, para un hombre de cincuenta y cinco años que presentaba apraxia ideomotora crónica, sin alteraciones en el reconocimiento de gestos. La técnica se centró en la ejecución de gestos con la presentación de claves múltiples, incluyendo herramientas, objetos, modelos visuales y retroalimentación. Los errores práxicos fueron corregidos usando la imitación y la manipulación física; a medida que el rendimiento mejoraba, las señales se fueron retirando sistemáticamente. El paciente recibió sesiones de una hora, todos los días, durante dos semanas. Se proporcionó retroalimentación inmediata al paciente sobre cómo realizar el movimiento, corrigiéndose sus errores. Se requería que el paciente realizara el movimiento correctamente tres veces antes de proceder al siguiente reactivo. El método de pistas múltiples dio lugar a efectos positivos con mejoría duradera; sin embargo, no se evaluó la generalización hacia los gestos no tratados (Buxbaum *et al.*, 2008).

Educación conductiva

Fue desarrollado por Pilgrim y Humphreys (1997) para un paciente zurdo con lesión cerebral en el temporal derecho y lóbulo frontal, quien presentaba apraxia crónica unimanual. El tratamiento se centró en una tarea de análisis de movimientos y verbalización de los elementos de la acción, por ejemplo, "acerca la mano a la taza, agarra la taza, llévala a tus labios, bebe un sorbo, detente”. Las señales se fueron retirando sistemáticamente conforme el rendimiento mejoraba. El entrenamiento se llevó a cabo diariamente, en sesiones de quince minutos durante tres semanas. Los autores sugieren que la verbalización ayudó a inhibir los planes de acción no deseados y a generar acciones adecuadas. Mencionan que el principio básico de este método es la reestructuración del sistema funcional, a través de incorporar el lenguaje en la regulación del acto motor.

Reducción de errores

Ochipa, Maher y Rothi (1995), realizaron un estudio dirigido al tratamiento de los diferentes tipos de error que presentaba un paciente de cuarenta y cuatro años con afasia de Broca y apraxia ideomotora. Observaron que los movimientos de las manos en el paciente no conservaban una dirección correcta (error de configuración externa), se activaban las articulaciones equivocadas al producir el gesto (error en el movimiento), y la mano no se posicionaba correctamente (error de configuración interna). El paciente recibió tratamiento cuatro veces por semana, en el cual se guio y dio una descripción verbal para dirigir el movimiento correcto de las articulaciones mientras se realizaba el gesto. Los resultados mostraron mejoría significativa y duradera en los gestos trabajados, pero no se observó generalización a los gestos no tratados.

Entrenamiento directo / Entrenamiento exploratorio

Método desarrollado por Goldberg y Hagman en 1998, fue utilizado en quince pacientes con afasia y apraxia severa. En el entrenamiento directo se le pide al paciente que ejecute tres actividades de la vida cotidiana, ayudando a minimizar los errores con la ayuda del terapeuta. Primero, el paciente realiza la actividad, posteriormente el terapeuta ejecuta la actividad, y finalmente la tarea es imitada por el paciente. El método de entrenamiento exploratorio se centra en enseñar al paciente a reconocer la función de un objeto analizando su forma y su estructura, debido a que la habilidad de inferir la función de un objeto desde su estructura es parte de la solución mecánica que permite al paciente utilizar instrumentos no conocidos. Estos dos métodos combinados se aplicaron a una actividad cotidiana durante 20-40 minutos durante un lapso de 2-5 semanas, obteniéndose resultados positivos a largo plazo. Posteriormente, se aplicaron los métodos por separado en un grupo de seis pacientes, encontrándose que solo el método de entrenamiento directo presentó efectos positivos y duraderos (Goldenberg, Daumüler y Hagmann, 2001).

Entrenamiento de estrategias

Desarrollado para pacientes con alteraciones en las actividades de la vida diaria secundarias a apraxia. El entrenamiento se centra en enseñar al paciente a compensar las alteraciones en la vida cotidiana empleando estrategias internas, por ejemplo, autoverbalización, y externas, como el uso de imágenes. El entrenamiento fue utilizado en 139 sujetos con apraxia y antecedentes de evento vascular cerebral. Los pacientes fueron entrenados por una terapeuta ocupacional en tres actividades de la vida diaria. Si el paciente fallaba al iniciar la acción, la terapeuta podía asistirlo dando instrucciones verbales adicionales; si aun así no lograba iniciar la acción, la terapeuta podía entregarle los objetos requeridos al paciente. Asimismo, si el paciente presentaba problemas con la realización de la acción como tal, la terapeuta describía los pasos requeridos o proveía soporte físico directo guiando la acción, por ejemplo, corrigiendo la posición de las extremidades. Finalmente, se proveía retroalimentación acerca de la ejecución del movimiento (Dovern, Fink y Weiss, 2012; Van Heugten et al. 1998).

Entrenamiento del gesto transitivo / intransitivo

Fue examinado por Smania, Giraldi, Domenicali, Lora y Aglioti (2000), en veintidós sujetos que presentaron apraxia ideomotora como secuela de un derrame cerebral en el hemisferio izquierdo. El método se centró en la formación de gestos transitivos e intransitivos (con significado y sin significado) en tres fases. En la Fase A se le pedía al paciente que mostrara el uso de herramientas comunes (por ejemplo, una cuchara). En la Fase B se le mostraba una foto de una porción de un gesto transitivo (por ejemplo, usar una cuchara) y se le pedía que produjera la pantomima. En la Fase C se mostraba una fotografía de una herramienta común (por ejemplo, una cuchara) y se le pedía producir el gesto asociado a su uso. En las dos primeras fases se hicieron cambios en las pistas contextuales para enseñar a los pacientes a producir el mismo gesto en situaciones diferentes. Las sesiones fueron de cincuenta minutos, tres veces por semana, durante diez semanas. Los pacientes presentaron mejoría significativa de la apraxia, reportándose mayor independencia en las actividades cotidianas.

Terapia de Integración sensorial

Ha sido utilizada en casos de niños con diagnóstico de autismo (Hartshorn *et al.*, 2001; Schilling y Schwartz, 2004), trastorno por déficit de atención, alteraciones de lenguaje, inmadurez en el desarrollo y otras poblaciones. Goldson (2001), estudió una población de niños con Síndrome X Frágil, que además de la variedad de dificultades físicas, cognitivas y conductuales, presentaban trastornos en la función de integración sensorial, lo cual afectaba gravemente su conducta y su capacidad para aprender y funcionar en el seno de sus familias y comunidad. Polataiko y Cantin (2010) realizaron una revisión de veintiún artículos relacionados con la aplicación de la terapia de Integración Sensorial, en niños y adolescentes con problemas para procesar e integrar la información sensorial, encontrando que estos niños mejoraron de manera importante en las actividades de la vida diaria y la somatodispraxia.

Referencias

Ayres, A. (1998). *La integración Sensorial y el niño.* México, D.F., México: Editorial Trillas.

Aza, E. (2017). Juego y Creatividad: El redescubrimiento de lo lêdico. Aportes práxicos a la fundamentación de algunos pilares de la ciencia de la motricidad humana. *Revista Sentidos da Cultura, 2*(3), 04-12.

Bellefeuille, I. (2006). Un trastorno en el procesamiento sensorial es frecuentemente la causa de problemas de aprendizaje, conducta y coordinación motriz en niños. *Boletín de Pediatría, 46,* 200-203.

Buller, I. (2008). Diagnóstico y rehabilitación neuropsicológica en el contexto de la atención pública terciaria chilena. *Cuadernos de Neuropsicología, 2*(1), 10-23.

Castillo-Ruben, A. (2011). *Diferentes propuestas de rehabilitación neuropsicológica en Latinoamérica.* México: ALAREN.

Chéron, G. (2018). Neurofisiología del movimiento. Oscilaciones neuronales y aprendizaje motor. *EMC-Kinesiterapia-Medicina Física, 39*(2), 1-11.

De Renzi, E. & Luchelli, F. (1988). Ideational Apraxia. *Brain, 111*(5), 1173- 1185.

Florencia-Durand, M., Gago-Galvano, L. & Elgier, A. (2017). Rehabilitación de las actividades de la vida diaria en pacientes con apraxia del vestir. *Cuadernos de Neuropsicología-Panamerican Journal of Nueropsychology, 11*(3), 42-53.

García- Peña, M. & Sánchez- Cabeza, A. (2004). Alteraciones perceptivas y práxicas en pacientes con TCE: Relevancia en las actividades de la vida diaria. *Revista de Neurología, 38,* 775-784.

Goldenberg, G. & Spatt, J. (2009). The neural basis of tool use. *Brain, 132*(6), 1645-1655.

Gómez, P. & Politis, D. (2011). Correlaciones entre apraxia y memoria de trabajo. *Neuropsicología Latinoamericana, 3*(2), 23-30.

Jeannerod, M., Arbib, M., Rizzolatti, G. & Sakata, H. (1995). Grasping objects: the cortical mechanisms of visuomotor transformation. *Trends in Neurosciences, 18*, 314–320.

Lopera, F., Bobes, M. & Valdés-Sosa, M. (2012). ¿Cómo procesa el cerebro las caras? En *Tendencias actuales de las neurociencias cognoscitivas* (pp. 1-11). México: Manual moderno.

Lorenzo-Otero, J. (2001). Apraxia ideomotriz y habilidades visuoconstructivas. *Revista de Neurología, 32*(5), 473-477.

Luria, A. (1988). *El cerebro en acción* (5ª ed.). España: Martínez Roca.

Pérez-Mármol, J., López-Alcalde, S., Carnero-Pardo, C., Cañadas-De la Fuente, G., Peralta-Ramírez, M., & García-Ríos, M. (2015). Creación de un diseño de un test para la evaluación de la apraxia de miembros superiores (EULA) basado en un modelo cognoscitivo: un estudio piloto. R*evista de Neurología, 60*, 66-74.

Pérez-Martínez. A. & Puente-Muñoz, A. (2007). Apraxia unilateral del cierre palpebral tras un ictus isquémico: el papel del hemisferio derecho en la comunicación gestual. *Revista de Neurología, 44*(7), 411-414.

Roselli, M. (2015). Desarrollo neuropsicológico de las habilidades visoespaciales y visoconstructivas. *Revista de Neuropsicología, neuropsiquiatría y neurociencias, 15*(1), 175-200.

Roy, E. (1996). Hand preference, manual assymetries, and limb apraxia. En *Manual asymmetries in motor control* (p. 215), CRC Press.

Roy, E., Black, S., Blair, N. & Dimeck, P. (1998). Analyses of deficits in gestural pantomime. *Journal of Clinical and Experimental Neuropsychology, 20*(5), 628-643.

Schlemenson, S. (1997). *El aprendizaje: un encuentro de sentidos.* Kapelusz

Stamenova, V., Roy, E. & Black, S. (2009). A Model-Based Approach to Understanding Apraxia in Corticobasal Syndrome. *Neuropsychology Review, 19*, 47–63.

Vingerhoets, G. (2014). Contribution of the posterior parietal cortex in reaching, grasping and using objects and tools. *Frontiers in Psychology*, 5, 151.

CAPÍTULO 6

PROPUESTA TEÓRICA DE UN MODELO NEUROANATÓMICO Y NEUROFISIOLÓGICO DE LAS PRAXIAS

La mayoría de los estudios que exploran las posibles correlaciones clínico-anatómicas de las alteraciones presentes en los diferentes tipos de apraxia, no han logrado establecer un sitio específico de lesión. Es un hecho que las praxias son el resultado directo de una compleja red de comunicación neuronal entre diversas estructuras del cerebro, de tal manera que, para su producción requieren de la integración de la información de diversas vías sensoriales, dando como resultado un sistema organizado, dinámico y jerarquizado. Esto sugiere que las praxias son una función integradora, en la cual el trabajo armónico de diferentes sistemas neuronales promueve el aprendizaje y maduración de cada uno de los aspectos involucrados en la producción del movimiento voluntario e involuntario. En ese sentido, habría que decir que el movimiento es consecuencia de un constante proceso de aprendizaje y evolución que ocurre de forma paralela a las adaptaciones fisiológicas y estructurales del cerebro en desarrollo.

Ahora bien, cuando se habla de praxias es necesario establecer que, aunque se trata de un fenómeno complejo, los sistemas de ejecución del movimiento no solo residen en las áreas más especializadas de la corteza cerebral, sino por el contrario, la mayoría de los componentes involuntarios del acto motor se encuentran relacionados con la dinámica de comunicación entre las diversas estructuras a nivel subcortical. Contrario a lo que se cree, en las praxias el movimiento depende en primera instancia de procesos simples integrados y organizados en patrones motores aprendidos (Miró, 2010). Por lo cual, puede decirse que la ejecución de un patrón motor necesita de un flujo constante de información entre las áreas corticales y subcorticales; siendo así un mecanismo en el que la corteza funge como la terminal de la información -clasificándola e integrándola-, mientras que las estructuras subcorticales retroalimentan al sistema por completo, rectificando la información de entrada y los comandos de salida que darán paso a la ejecución de respuestas específicas. Bañarse es una actividad compleja que requiere de la ejecución de distintas praxias, en este caso el sistema frontoparietal se encarga de establecer metas y formular un plan de acción para desempeñar la función de alcanzar y agarrar (el jabón, en este ejemplo), y el sistema frontoestriatal realiza actividades motoras secuenciales que requieren de mayor control (poner el champú en la mano, echarlo en el pelo, frotarse la cabeza y después enjuagarlo) (Leiguarda, 2000).

Desde el momento de la concepción, durante la vida intrauterina y después del nacimiento, el ser humano realiza una evolución prodigiosa y fascinante, todo el conocimiento del mundo nos llega a través de los sentidos, no solo de la visión, audición, tacto, olfato y gusto, sino también del dolor, la presión, la temperatura, la propiocepción, las sensaciones musculares y el movimiento. El sistema nervioso requiere de la información del exterior para dar respuestas precisas; todos estos estímulos propician la actividad eléctrica de las neuronas y el aprendizaje, el cual implica cambios no solo en la conducta sino también en la estructura, función y composición de las neuronas en el cerebro, quien es el encargado de controlar las funciones que realizamos día tras día. En este capítulo se exponen las diferentes estructuras que participan en la ejecución de las praxias.

I. Médula Espinal

La médula espinal se encarga de recibir estímulos táctiles provenientes de diferentes niveles de la piel y de transmitir esta información sensorial de dolor, tacto, temperatura, presión, textura y vibración al resto del sistema nervioso central. Estas sensaciones, una vez que alcanzan el cerebro, permiten enviar respuestas motoras precisas hacia cada uno de los músculos del cuerpo. Por ejemplo, si nos pegamos en el dedo chiquito del pie, la información de dolor provoca la respuesta motora de alejar el pie de la fuente de dolor y sobarnos. En ese sentido, la médula tiene como función principal establecer una vía de comunicación entre todos los componentes del cuerpo, siendo estos, órganos, huesos, músculos o bien, terminales nerviosas especializadas para la percepción de estímulos específicos del medioambiente.

De manera general, los impulsos nerviosos se organizan de forma jerárquica; hay vías especializadas para estímulos que requieren de un procesamiento y una respuesta rápida. Por ejemplo, sensaciones como sensibilidad al tacto y al dolor requieren de un procesamiento veloz, ya que se originan en las extremidades, cuello y tronco y deben atravesar la médula espinal y tronco cerebral para llegar al cerebro, quien organiza al estímulo y formula la respuesta más apropiada para atender estímulos amenazantes para el organismo. Igualmente, las órdenes para los movimientos voluntarios en las extremidades, tronco y cuello se originan en el cerebro, y deben alcanzar la médula espinal para llegar a los nervios espinales que inervan los músculos apropiados, en ese sentido la médula funge como un canal de flujo bidireccional por el cual circula información de entrada y de salida.

Para esta estructura en particular, las terminaciones nerviosas presentes en la piel resultan muy importantes en cuanto a la formulación de respuestas reflejas. La información somatosensorial es esencial para alertar al organismo, prepararlo para posibles contingencias o incentivar su adaptación a las variaciones del entorno. Los diferentes receptores se encuentran en distintos niveles de la piel y se encargan de procesar y convertir clases de estímulos específicos. Entre los más relevantes se encuentran los mecanorreceptores, encargados de recibir información de tacto y presión, los termorreceptores, que reciben información de calor y frío, y los nociceptores, los cuales detectan sensaciones de dolor; todos ellos transmiten paquetes de información a diversas áreas del sistema nervioso central, donde son procesados en milésimas de segundo (Bear, Connors y Paradiso, 2015). Cabe señalar que estos receptores cuentan con una gran representación en todo el cuerpo, no obstante, la densidad o el tipo de receptor que predomine depende de la zona de la piel (Carbayo, 1998).

Uno de estos tipos son los corpúsculos de Meissner, los cuales perciben información de contactos ligeros, roces y vibraciones superficiales; se organizan justo por debajo de la epidermis y se encuentran en mayor densidad en zonas como labios, plantas de los pies, la punta de la lengua o la punta de los dedos. Por otro lado, los corpúsculos de Pacini, ubicados en la capa profunda de la dermis, son sensibles a vibraciones intensas y profundas, a las variaciones de velocidad (aceleraciones) y a las presiones fuertes (estiramientos, distensiones y deformaciones de la piel). Finalmente, las terminaciones de los bulbos de Krause registran principalmente la sensación de frío, mientras que las terminaciones de Ruffini se piensan que son receptores al calor. Una disfunción a este nivel puede provocar hipersensibilidad o hiporreactividad a clases de estímulos, por lo que, en términos prácticos, la estimulación de estas vías puede ser la clave para el desarrollo o rehabilitación de ciertas funciones, y en ciertos casos puede potenciar el desarrollo de funciones adaptativas básicas para procesos de aprendizaje (Hernández, 2005).

Aunque la piel se muestra como una importante fuente de información sobre el mundo exterior, no es el único estímulo que la médula conduce hacia el cerebro, de hecho, existe una segunda clasificación de receptores que desempeñan las mismas funciones, pero con estímulos interoceptivos producto del movimiento. Este grupo de receptores son llamados propioceptores, tienen su origen en los músculos, tendones y articulaciones. La información de estos receptores se encuentra ligada a factores como la tensión y distensión muscular, la longitud del estiramiento, el grado de estimulación mecánica y la velocidad del movimiento; la "función clásica" sería la inhibición de la musculatura antagonista al movimiento producido (relajación del antagonista para que el movimiento se pueda realizar de forma eficaz). Además, estos receptores o "husos" musculares envían al cerebro información que se traduce en la contracción refleja: reflejo miotático o de estiramiento, un reflejo de protección ante un estiramiento brusco o excesivo, por ejemplo, ante un tirón brusco del hombro el reflejo miotático hace que contraigamos la musculatura de la cintura escapular (Vega, 1999).

Vías aferentes

Como se ha mencionado, la médula actúa como un puente de comunicación entre el cerebro y las sensaciones que el cuerpo recibe del mundo externo y del ambiente interior. Las fibras nerviosas sensitivas de diferentes tamaños y funciones se ordenan y distribuyen en haces o tractos nerviosos en la sustancia blanca. Así, la información sensorial de diferentes submodalidades es conducida al cerebro a través de los tractos espinales. A continuación, se muestra la Tabla 1 con las vías aferentes más relevantes que llegan a la médula y su función; esto, con el fin de especificar la relación que mantienen con la producción de acción (praxias) y nuestra propuesta de rehabilitación neuropsicológica de las praxias.

Sensación	Vías	Sitios de relevo	Destino	Importancia para la rehabilitación de las praxias
Dolor y temperatura	Tracto espinotalámico lateral	Formación reticular Núcleo ventral posterolateral del tálamo Área somestésica (circunvolución postcentral de la corteza cerebral)	Circunvolución postcentral	Despertar reflejos espinovisuales Mejorar el estado de alerta.

Sensación	Vías	Sitios de relevo	Destino	Importancia para la rehabilitación de las praxias
Tacto leve y presión	Tracto espinotalámico anterior	Pedúnculo cerebeloso superior Cerebelo	Circunvolución postcentral	Modulación sensorial Estimulación de la propiocepción de miembros inferiores y superiores
Tacto discriminativo sensibilidad vibratoria,sensación consciente de músculos y articulaciones	Fascículo grácil y cuneiforme, lemnisco medial	Pedúnculo cerebeloso inferior Cerebelo	Circunvolución postcentral	Aumentar el tono muscular
Sensación inconsciente musculo-articular	Tracto espinocerebeloso anterior y posterior		Corteza cerebral	Balance y coordinación Esquema corporal

Tabla 1. Vías aferentes de la médula espinal.

Tracto espinotalámico lateral

Tiene como propósito principal la conducción de estímulos nocivos, es decir, aquellos impulsos relacionados con agentes que representan una fuente de daño potencial. Los impulsos dolorosos provenientes de los receptores de la piel y otros tejidos, son transmitidos hacia la médula espinal a través de fibras de conducción rápida y lenta. Las fibras de conducción rápida alertan al individuo ante un dolor agudo inicial, y las fibras de conducción lenta son responsables del dolor quemante prolongado y en su mayoría hacen relevo en la formación reticular, la cual activa todo el sistema nervioso. Muchas de las fibras del tracto espinotalámico lateral hacen sinapsis con neuronas de tercer orden en el núcleo ventral posterolateral del tálamo, para terminar en el área somestésica en la circunvolución postcentral de la corteza cerebral. De aquí la información es transmitida a otras regiones de la corteza para ser utilizada por las áreas motoras y el área de asociación parietal.

Aplicaciones en la rehabilitación neuropsicológica

La ejecución de las praxias requiere de un adecuado estado de alerta y vigilia. Los ciclos de actividad y atención se relacionan de manera directa con el tono muscular conformando al tono cortical. En algunos casos, específicamente cuando el infante muestra un bajo tono cortical, es decir bajos niveles atencionales e hipoactividad, es recomendado el uso de estímulos dolorosos (leves) con el objetivo de aumentar el estado de alerta. De esta forma la exposición a un estímulo doloroso favorece el estado de alerta y en ocasiones lo intensifica. Del mismo modo, el estado de alerta puede ser activado con los cambios de temperatura, los cuales estimulan la misma vía de comunicación. Ahora bien, es necesario decir que este tipo de estímulos deben ser aplicados en zonas específicas del cuerpo: manos, pies y cara son zonas que cuentan con una gran área de representación a nivel cortical.

En terapia se puede emplear una actividad nociceptiva como medio para fortalecer el estado de atención y el tono cortical, por ejemplo, jugar a colgarse de un pasamanos, pisar los barrotes de una estructura, pisar objetos pequeños, andar descalzo sobre una superficie de piquitos de plástico, etc. Estas acciones generan cierto nivel de incomodidad dolorosa, pero ayudan a mejorar el estado de atención.

Tracto espinotalámico anterior

Los axones entran en la médula espinal desde el ganglio de la raíz posterior y se dirigen hacia la punta de la columna gris posterior (Snell, 2007). Después, cruzan muy oblicuamente hacia el lado opuesto en la comisura gris y blanca anteriores y ascienden en la columna blanca anterolateral opuesta, como el tracto espinotalámico anterior, el cual se encarga de trasmitir la sensación consciente del tacto y la presión.

La esencia de los efectos del masaje es lo que ejerce de manera mecánica y por fenómenos físicos en los tejidos, y su acción neurorefleja al estimular los receptores cutáneos (exteroceptores) ubicados en músculos, tendones y ligamentos (propioceptores), y los alojados en las paredes de los vasos sanguíneos. Los impulsos pasan por las vías sensitivas al sistema nervioso central alcanzando distintas zonas de la médula espinal, hemisferios y corteza cerebrales, provocando cambios funcionales en el organismo. La manipulación de la piel estimula la producción y liberación local de un neurotransmisor llamado sustancia P, el cual produce vasodilatación local y, por ende, un aumento de temperatura de dos a tres grados centígrados; el calor genera un ablandamiento de los tejidos, y el estiramiento de los tegumentos produce relajación de las fibras.

Aplicaciones en la rehabilitación neuropsicológica

La estimulación de la sensación de tacto leve y de presión puede modular el estado de arousal, sobre todo en el caso de los niños con hiperactividad. Estos niños presentan un alto nivel de excitabilidad y dificultad en el control del impulso motor voluntario. Es común que los niños presenten problemas para el manejo de objetos o realización de acciones cotidianas, y en muchas ocasiones su comportamiento no tiene el éxito esperado. Por ejemplo, cuando el infante intenta tomar o servir un líquido en un recipiente suele derramar el contenido, generando un desastre aparatoso encima de la mesa por la dificultad en el control del impulso motor y la excitabilidad.

Ante esta situación, el primer paso para corregir esta disfunción es lograr un nivel adecuado del estado de arousal (alerta), en el cual sea posible modular y moldear el comportamiento. Para tal propósito, resulta eficiente estimular el sistema somatosensorial a través de sensaciones de presión y tacto, lo cual activa los diversos grupos de receptores epidérmicos y facilita la comunicación y organización cerebral. Por ejemplo, podría resultar útil colocar al infante durante unos minutos bajo la presión de diversos objetos como un colchón, un cojín, pelotas de peso, etc. De esta manera, el nivel de hiperactividad es modulado y regulado.

Fascículo grácil y cuneiforme, lemnisco medial

Está constituido por fibras grandes y muy mielinizadas que llevan información de tacto discriminativo, vibración y sensación consciente de músculos y articulaciones. Esta vía asciende a través de las columnas dorsales de la médula espinal y hace relevo en los núcleos del tronco cerebral donde cruza al lado contralateral, posteriormente asciende como un haz compacto único (el lemnisco medial) hacia el tálamo ventral posterolateral. Esta vía nos permite apreciar las impresiones del tacto con gradaciones finas de intensidad, localización exacta, discriminación de dos puntos, y el reconocimiento consciente de las vibraciones y la posición de diferentes partes del cuerpo. También, lleva información sensorial cuando estamos en contacto con diferentes objetos; o con actividades como jalar, cargar o empujar, donde las sensaciones de músculos, tendones y articulaciones es traducida y dirigida a zonas del cerebelo. Además, esta vía se encarga de mediar la discriminación táctil y la propiocepción. Usualmente, los daños en esta zona se acompañan de una notable incapacidad para reconocer objetos al tacto, alteraciones en la percepción, estabilidad y secuencia del movimiento, y alteraciones en la marcha de manera generalizada.

Aplicaciones en la rehabilitación neuropsicológica

El reconocimiento de objetos forma parte de una de las habilidades más importantes para la ejecución de las praxias, ya que indicará como debe ser utilizado. Acciones como lavarse las manos, cepillarse los dientes, peinarse o girar una perilla para abrir la puerta, son ejemplos de acciones altamente asociadas con los objetos con las que se realizan. De hecho, cambios mínimos en las propiedades los objetos suelen modificar la manera o secuencia en la que la acción es ejecutada. Para su rehabilitación se pueden emplear estímulos táctiles de diferentes tamaños, pesos y formas, así como estímulos propioceptivos; la distensión de los músculos, la rotación de las articulaciones y tendones, y el uso de peso en las distintas partes del cuerpo, son ejemplos claros del tipo de estímulos que pueden ser empleados para favorecer el reconocimiento táctil del objeto y la sensación consciente de músculos y articulaciones. Su integración tiene como resultado la discriminación de múltiples características de estímulos externos, y en el caso particular, del uso del objeto y las praxias.

Existen una gran variedad de actividades que pueden ser desarrolladas para la estimulación integral de la vía lemnisco medial. Las opciones varían en intensidad en función del tipo de alteración reportada para cada individuo. Estas pueden iniciar desde leves masajes en diferentes partes del cuerpo (brazos, piernas y pies), hasta el uso del propio cuerpo al solicitarle al sujeto sostener su cuerpo de un trapecio, levantar o cargar objetos con el objetivo particular de provocar el estiramiento del huso muscular, y aumentar o disminuir la presión sobre la articulación o la elongación de los tendones.

Tracto espinocerebeloso anterior

La propiocepción se produce por estimulación de los diversos receptores ubicados en los músculos, tendones y articulaciones (husos musculares y órganos tendinosos de Golgi). Los impulsos aferentes de propiocepción inconsciente alcanzan el cerebelo por vías particulares: los tractos espinocerebelosos anterior y posterior. El tracto espinocerebeloso anterior transmite impulsos cruzados y del mismo lado, así como información propioceptiva desde husos musculares, órganos tendinosos y articulaciones del tronco y extremidades superiores e inferiores. También, es posible que envíe al cerebelo información de la piel y fascia superficial de estas regiones. La destrucción del tracto espinocerebeloso anterior produce incoordinación muscular y trastornos del tono muscular.

Las aferencias propioceptivas son imprescindibles dentro del control de la postura y del equilibrio, ya que proporcionan información sobre la posición de las distintas articulaciones entre sí, y el grado de tensión de la musculatura que las mantiene. El término propiocepción fue acuñado por Sherrington (1906), al denominar como propioceptivas aquellas señales sensitivas generadas por los movimientos corporales al activar los receptores localizados en músculos, tendones, articulaciones y piel. Esos receptores no solo informan de los movimientos en sí, sino de la tensión muscular y la posición u orientación de las distintas articulaciones y segmentos corporales. La propiocepción forma parte de una de las cuatro modalidades de la sensibilidad somática (Adrian 1926, 1928). Las señales propioceptivas contribuyen a la generación de la actividad motora durante el movimiento, y desempeñan un papel importante en la regulación de movimientos voluntarios y automáticos a partir del estado biomecánico del cuerpo y de las extremidades. Dicha regulación se lleva a cabo a través de los llamados reflejos propioceptivos.

Los receptores de la propiocepción están formados por distintos tipos de terminaciones nerviosas entre los que destacan los husos musculares, los órganos tendinosos de Golgi y los receptores cinestésicos articulares. Todos ellos se caracterizan por la escasa capacidad de adaptación, lo cual facilita el envío constante de información al encéfalo sobre el estado de las distintas partes del cuerpo a fin de garantizar la postura y el equilibrio. Los husos musculares son grupos especializados de fibras musculares (fibras intrafusales) que se entremezclan paralelamente con fibras esqueléticas (fibras extrafusales); la diferencia entre ellas radica en la poca capacidad de las primeras para contraerse, ya que prácticamente carecen de filamentos de actina y de miosina, si bien, presentan dos tipos de fibras aferentes, una de ellas de conducción rápida (fibras tipo Ia) y otra de conducción lenta (fibras tipo II) (Matthews 1981), las cuales responden a cambios de tensión en la zona media de la fibra intrafusal informando sobre los cambios de longitud y velocidad de estiramiento del músculo. Los órganos tendinosos de Golgi son propioceptores situados en la unión entre músculos y tendones, y están formados por una fina cápsula de fibras de colágeno que contiene terminaciones de fibras tipo Ib, las cuales se activan ante cambios de tensión del tendón e informan sobre la fuerza muscular desarrollada. Los distintos tipos de receptores cinestésicos articulares (receptores encapsulados, corpúsculos laminares de Pacini, receptores ligamentosos) se localizan en el interior y alrededor de las cápsulas y ligamentos articulares de las articulaciones sinoviales, responden a la presión, aceleración de desaceleración del movimiento articular, y a los cambios de tensión en los ligamentos articulares.

Aplicaciones en la rehabilitación neuropsicológica

La sensación musculoarticular inconsciente se relaciona de forma directa con el control motor y la búsqueda de objetos. Habilidades gruesas como el rastreo visual, el reconocimiento de objetos, la percepción de profundidad y el sentido de orientación; y habilidades finas como la articulación, la expresión facial y el control de los músculos faciales, se asocian con el funcionamiento de esta vía de procesamiento.

Para las praxias, esta información en particular resulta valiosa, ya que en su mayoría se requiere de la sensación de músculos y articulaciones para establecer el objetivo del movimiento. Un adecuado manejo y percepción de los límites del espacio resulta sumamente benéfico para el control, específicamente, cuándo y cómo debe iniciar la secuencia de movimientos, y cuándo y cómo debe concluir. Por ejemplo, no sería lo mismo tomar la jarra de café unos centímetros antes o después de donde se localiza, o servir el café unos centímetros antes o después de donde se encuentra la taza, pues al realizar una estimación inadecuada el resultado sería un desastre.

Para la rehabilitación de la sensación musculoarticular inconsciente se propone realizar actividades que favorezcan la estimulación de tendones y articulaciones de las extremidades y movimiento del tronco; actividades que le permitan cambiar de postura, empujar, jalar o cargar su propio cuerpo. Por ejemplo, poner al paciente en un pasamanos o un trapecio para que sostenga su propio cuerpo y así estimular tendones y articulaciones de las extremidades.

Tracto espinocerebeloso posterior

El tracto espinocerebeloso posterior está compuesto por las inervaciones que ingresan en la médula espinal desde el ganglio de la raíz posterior. Las aferencias llegan hasta el asa gris posterior donde hacen sinapsis con las neuronas del núcleo dorsal, conectándose de forma directa con el cerebelo. Específicamente, ingresan al cerebelo a través del pedúnculo cerebelosos inferior y terminan como fibras musgosas en la corteza cerebelosa, estas fibras se cruzan y descienden conformado el tracto espinocerebeloso anterior. Sus funciones principales son la discriminación del sentido de vibración y la sensación consciente de los músculos, tendones y articulaciones. No obstante, también recibe, desde el cerebelo, información de la propiocepción inconsciente, e informa cuándo y cómo se ejecuta el movimiento. De esta manera, el movimiento se refina gracias a las proyecciones del cerebelo a otras partes del cerebro.

Esta subestructura del sistema nervioso central resulta esencial para el mantenimiento de la adecuada postura y la correcta articulación en la ejecución de patrones motores. Por lo que, daños en esta estructura se traducen en problemas severos para realizar movimientos de forma coordinada o bajo una secuencia adecuada que no interrumpa la movilidad natural de músculos y articulaciones.

Aplicaciones en la rehabilitación neuropsicológica

Los pacientes con algún tipo de apraxia muestran alteraciones en el reconocimiento y asociación de múltiples estímulos sensoriales. Una de las limitaciones más evidentes se relaciona con el procesamiento de las sensaciones propioceptivas. Esta disfuncionalidad afecta de manera severa la ejecución de los patrones práxicos, ya que, en ausencia de la información de músculos y articulaciones, se produce una dificultad generalizada para mover el cuerpo, en esta situación el cerebro no correlaciona la información del patrón motor a ejecutar con la parte o partes del cuerpo que deben moverse de manera coordinada y precisa. En consecuencia, se ven afectados factores esenciales de las praxias como el esquema corporal, los ajustes posturales, la secuencia y la métrica del movimiento, impidiendo que el individuo interactúe con objetos y los utilice como herramientas.

Ahora bien, para la rehabilitación de las alteraciones propioceptivas se sugiere estimular al sujeto colocándolo en posiciones incómodas, empleando estímulos dolorosos leves y facilitando el movimiento de todas las partes del cuerpo para resolver una tarea. Bajo este supuesto, entiéndase que el surgimiento de patrones estereotipados del movimiento es una consecuencia directa de la integración de información sensitiva y propioceptiva, por lo que actividades que involucren saltar, agacharse, arrastrase, sostenerse de superficies irregulares, cargar, jalar o empujar objetos, resultan sumamente efectivas para la activación del tracto espinocerebeloso posterior. En este proceso el individuo se hace más consciente de su cuerpo y de las partes que lo integran, logrando con ello mayor precisión al realizar movimientos de manera voluntaria. Bajarse de una superficie alta es un ejemplo claro de un patrón de movimiento que requiere interacción de información para su ejecución, en este caso la información del cuello y la cadera para colocarse en una posición estable que facilite la acción. Cabe señalar que este proceso de integración debe ocurrir tanto en extremidades inferiores como superiores, por lo que se coloca al paciente en posiciones en las que se vea forzado a activar ambas secciones del cuerpo. Es así como, el movimiento esporádico empleado para resolver la problemática da paso a la ejecución consciente y voluntaria de praxias. Por ejemplo, un niño con problemas en el vestido autónomo, de estar en una licra con las extremidades "revueltas" y fuera de postura, puede pasar al control voluntario de brazos y el tronco para colocarse una chamarra.

Hasta este punto solo se ha hablado de las principales vías aferentes involucradas en la ejecución de las praxias, siendo estas las responsables de la conducción y dirección de la información en la médula espinal. No obstante, es necesario hablar de las vías eferentes involucradas, ya que en muchas ocasiones la alteración no es producto de la conducción de información, sino de la respuesta emitida por el cerebro. La comprensión de la relación entre las vías de procesamiento aferente y eferente es de vital importancia para el estudio y la rehabilitación de los trastornos de las praxias. De esta forma resulta más fácil identificar las vías de comunicación que se encuentran "interrumpidas" y con ello, analizar las posibles alternativas para estimular estructuras de forma específica; es como si se tratase de un atasco automovilístico, el conductor debe poseer la habilidad para buscar y utilizar vías alternas para así llegar al destino deseado.

Vías eferentes del comportamiento motor

Antes de comenzar con la descripción de las vías eferentes involucradas en la ejecución del comportamiento motor, es necesario explicar qué son las vías eferentes y cuál es su función principal. De forma genérica, las vías eferentes son las encargadas de iniciar con la respuesta motora, producto del contacto con un estímulo determinado. Estas vías son las encargadas de inervar a todo el cuerpo gracias al sistema nervioso periférico. De esta manera, el cerebro es capaz de prolongar una respuesta inmediata -si la situación lo requiere- a cualquier glándula o músculo del cuerpo. La participación de estas vías es primordial en el proceso de comunicación neuronal; básicamente son el complemento funcional de las neuronas aferentes. Las lesiones en alguno de los núcleos de relevo de las vías eferentes pueden dar como resultado múltiples alteraciones patológicas, que pueden ir desde alteraciones en el movimiento no voluntario de órganos, hasta padecimientos como la enfermedad de Parkinson, Alzheimer, Huntington, o la parálisis cerebral, por mencionar algunos.

En ese sentido, la correcta transmisión de los estímulos resulta de vital importancia para la formulación de respuestas motoras que se traducen en praxias, por ello, es importante la adecuada descripción de las características de este proceso de transformación, para tal propósito dentro de los objetivos de este apartado se encuentran la descripción de las vías eferentes motoras (Tabla 2).

Vías	Función	Relevos principales	Salida	Importancia para la rehabilitación
Tracto corticoespinal	Controla movimientos voluntarios de la musculatura esquelética contralateral; permite movimientos circunscritos y de gran precisión	Corona Radiada Núcleos caudado y lenticular, núcleo rojo y olivares Protuberancia Médula oblongada	Circunvolución precentral	Confiere velocidad y agilidad a los movimientos, utilizada para llevar a cabo movimientos hábiles rápidos
Tracto corticobulbar o corticoreticular	Facilita e inhibe la actividad de neuronas alfa y gamma, influyendo en los movimientos voluntarios y en la actividad refleja	Médula oblongada	Formación reticular	Musculatura de la mímica, lingual, faringe y velo del paladar; músculos masticadores Inhibición de la médula espinal Control inhibitorio de la locomoción
Tracto tectoespinal	Movimientos posturales reflejos en respuesta a estímulos visuales	Tronco cerebral	Colículo superior (mesencéfalo)	Esencial para la retroalimentación visual para la realización de acciones

Vías	Función	Relevos principales	Salida	Importancia para la rehabilitación
Tracto rubroespinal	Activa músculos flexores e inhibe músculos extensores Relacionado con la postura de equilibrio	Protuberancia y bulbo	Núcleo rojo (mesencéfalo)	Facilita la actividad de los músculos flexores e inhibe a los extensores
Tracto vestibuloespinal	Equilibrio	Tronco encefálico	Núcleos vestibulares	

Tabla 2. Vías eferentes motoras.

El acto motor tiene una función de supervivencia y facilita -la adaptación y entrenamiento de respuestas específicas a los cambios presentes en el entorno. El ser humano aprende a manejar su cuerpo y también adquiere la capacidad de crear herramientas, para la realización de tareas complejas, que fungen como una extensión del cuerpo. La ejecución de las praxias requiere de la integración de la información de múltiples vías, y la interconexión de diferentes estructuras del sistema nervioso central. El área motora recibe información sensorial directamente de nuestro cuerpo a través de la corteza somatosensorial primaria (áreas 3-1-2) y secundaria (áreas 5 y 7). La información somatosensorial, propioceptiva y visual, proporciona al cerebro una noción precisa de las características de los objetos, guiando la interacción; la forma en que debe tomarse el objeto y su función. Es necesario señalar la importancia de una correcta interacción entre las vías aferentes y eferentes del movimiento; aspectos fundamentales como el control del movimiento voluntario, la intención, la planificación, la melodía cinética y la ejecución del movimiento, son regulados por la retroalimentación que existe entre ambos conjuntos estructurales.

La médula espinal es la estructura que participa en movimientos automatizados simples; aspectos relacionados con la marcha y respuestas de auto preservación (como la retirada del músculo ante cualquier agresión), son el tipo de respuestas reflejas que esta estructura es capaz de formular. La médula espinal se encarga de ejecutar órdenes motoras provenientes de la corteza cerebral y facilita actividades musculares elementales para el mantenimiento de la postura y la ejecución de las praxias. La información eferente es direccionada a la extremidad que debe efectuar la acción, o bien, es corregida e inhibe la ejecución de la respuesta.

Vía piramidal

La vía piramidal se subdivide en dos tractos: el tracto corticoespinal y el tracto corticobulbar (también denominado corticoreticular). El tracto corticoespinal envía información motora a la médula espinal para el control del movimiento corporal y de las extremidades; y el tracto corticobulbar lleva información motora al tronco encefálico para el control del movimiento facial (Kolb y Whishaw, 2003). Aunque estos dos subsistemas cuentan con características muy particulares, ambos conforman la vía principal descendente del sistema nervioso central, y de forma general se encargan del control de la musculatura más distal de los miembros. Es necesario decir que el grado de fineza de este sistema, en cuanto al control del movimiento, es proporcional al grado de maduración que han alcanzado estructuras subcorticales como los núcleos de la base y el neocerebelo (Canedo, 2003).

Tracto corticoespinal

En cuanto a su composición anatómica, el tracto corticoespinal consta de tractos mediales y tractos laterales. Los tractos mediales descienden a la médula del mismo lado del cerebro en el que se originan, se encargan del control muscular del cuello, hombros y tronco (Purves *et al.*, 2008). Los tractos laterales cruzan al nivel del tronco cerebral y descienden por la médula, controlan los músculos de las extremidades del lado opuesto (Kolb y Whishaw, 2003). Las lesiones de los sistemas laterales se relacionan generalmente con deficiencias en el uso independiente de los músculos distales de los miembros, mientras que las lesiones de los sistemas mediales producen deficiencias posturales.

El tracto corticoespinal dirige el movimiento voluntario, específicamente, lo que concierne al ajuste postural bilateral, dirigiendo la postura cuando las extremidades se encuentran en movimiento. Por ejemplo, para andar en bicicleta se manda la orden de mover primero una pierna y luego la otra para pedalear, pero también es necesario realizar ajustes posturales hacia un lado y otro para mantener el equilibrio del cuerpo encima de la bicicleta, o para direccionar el manubrio. De esta manera, la cadera, el tronco y el cuello se coordinan para adquirir la postura correcta para realizar la acción. Es común observar que, cuando se presenta inmadurez en el desarrollo neurológico, el infante puede mostrar dificultad para controlar su cuerpo o para trasladarse de manera efectiva entre los obstáculos de su entorno. Caídas, golpes con los objetos, secuencias "torpes" de movimiento y alteraciones en la marcha, pasan a ser comunes en la vida cotidiana del niño, y, por lo tanto, tareas simples como correr, jugar con otros o manipular sus juguetes se convierten en un gran reto a superar, lo cual afecta de manera directa su desarrollo físico, emocional e intelectual.

Es importante mencionar que nuestras acciones, independientemente de su intención, requieren de una representación mental para su ejecución. A diferencia de lo que puede llegar a pensar, el movimiento no es resultado de una simple asociación entre estímulos específicos con respuestas condicionadas. De hecho, su realización requiere de la intercomunicación de diversas áreas del cerebro en distintos niveles de procesamiento. El movimiento debe ser analizado como un sistema funcional, el cual requiere de la comunicación de corteza, subcorteza y médula espinal. Para realizar la acción, 1) la acción requiere de la síntesis de una **secuencia de movimientos a ejecutar,** generando una "imagen mental" del proceso a desarrollar; comenzando el acto motor en **áreas frontales y prefrontales de la corteza cerebra**l, encargadas de la planeación, regulación y anticipación del movimiento. 2) Esta información viaja a la **corteza motora** donde la imagen del proceso es transformada en una secuencia de **excitación e inhibición de músculos.** 3) Posteriormente, esta información es redirigida a **estructuras subcorticales** como núcleos de la base, cerebelo, puente, protuberancia, etc., donde son añadidos al patrón a ejecutar, aspectos fundamentales del movimiento como **la melodía, el ritmo, la dirección, la intensidad, la magnitud y la fuerza.** Finalmente, 4) la información llega a **médula espinal,** donde las vías de salida, compuestas en parte por **fibras piramidales,** se conectan directamente con grupos musculares que de forma coordinada producen el movimiento. El acto voluntario es el resultado de la intención y el cumplimiento de objetivos dentro de la resolución de un problema, donde los estímulos físicos de medio pasan a ser analizados y clasificados por todo el sistema, generando respuestas complejas y bien estructuradas.

Aplicaciones en la rehabilitación neuropsicológica

Las lesiones en esta estructura se caracterizan principalmente por afección al tono muscular. Es común observar que el infante se frustre al intentar resolver un problema que demanda la ejecución de una secuencia de pasos, o bien, una tarea que requiera la formulación de patrones práxicos bien definidos, por ejemplo, utilizar cubiertos, escribir con el lápiz, botar y/o patear una pelota, tomar un juguete, etc. Las anteriores son situaciones donde el problema radica en la disminución del tono muscular y/o en una incapacidad para realizar correctamente una serie de movimientos, no por falta de interés y/o iniciativa. Incluso es posible observar este tipo de limitaciones en niños muy pequeños, en los cuales la disfunción se hace evidente en fallas en el control de los movimientos voluntarios como sujetar una sonaja, sujetar el biberón, e incluso caminar o aprender a caminar.

Para tales situaciones, en la terapia de rehabilitación se formulan tareas que abarquen tanto a sistemas de activación/alerta y atencionales, hasta aquellos sistemas específicos para la producción motora. Es decir, durante la terapia de rehabilitación el primer paso a ejecutar es la regulación y modulación del estado de atención del infante con el objetivo central de mejorar el tono muscular; tanto en casos de hiperactividad o hipoactividad. El objetivo del terapeuta es lograr que el infante llegue a un nivel de "reactividad" que le permita mantenerse en la tarea. En segundo término, la rehabilitación de los circuitos motores -en este caso el tracto corticoespinal- consideramos necesario trabajar sobre la iniciativa del infante por medio de tareas que le resulten llamativas o estimulantes. Una vez identificada esta condición, es posible entrenar la intencionalidad y el control motor de forma simultánea.

Tracto corticobulbar

El componente corticobulbar o corticorreticular tiene una función moduladora, pues selecciona las sinergias adecuadas para cada tarea motora. El tracto corticobulbar se origina en las zonas de representación de la cara y de las vísceras cervicales de las áreas motoras primaria y premotora. A medida que desciende, el tracto emite colaterales que invaden el segmento del tronco del encéfalo y terminan sobre los núcleos motores de origen de los nervios craneales, a excepción de los motores oculares. Principalmente, las eferencias de este tracto conforman al sistema motor facial, activando y regulando una serie importante de procesos relacionados con el control voluntario e involuntario del movimiento de la cara. Por ejemplo, la musculatura mímica y el control de los músculos masticadores son coordinados con la ayuda del nervio motor trigémino; por otro lado, las eferencias que llegan hasta el nervio hipogloso controlan la musculatura lingual y finalmente, la musculatura de la faringe, laringe y el velo del paladar, es controlada por el núcleo ambiguo y sus eferencias (Canedo, 2003; Moncayo, 2016).

La lesión en esta estructura en el infante es comúnmente ocasionada por traumas o alteraciones neurológicas producidas durante el parto. Por ejemplo, el síndrome hipóxico-isquémico, caracterizado por un problema de irrigación sanguínea y alteraciones en el intercambio gaseoso, suele asociarse con daño en múltiples estructuras del sistema nervioso, entre ellas del tracto corticobulbar. Eventos como este pueden llegar a provocar alteraciones como parálisis cerebral, problemas de alimentación -específicamente alteraciones oromotrices como dificultad para masticar, tragar, tos constante, reflujo, etc.-, epilepsia, secuelas sensoroperceptuales (estrabismo, ceguera cortical, disminución en la audición, etc.), y alteraciones neuropsicológicas como problemas de memoria, pobre control verbal, disminución de la capacidad cognitiva, etc. (Compadre, Cruz, Orozco y García, 2013).

Aplicaciones en la rehabilitación neuropsicológica

Las alteraciones más comunes ante el daño del tracto corticobulbar son dificultades motoras en estructuras que inervan los nervios craneales como la lengua, y los músculos y órganos para la masticación y deglución, lo cual produce problemas para la adecuada alimentación. Se puede observar al momento de la alimentación que no mastican de manera adecuada o utilizan sus manos para meter comida a su boca. En la terapia de rehabilitación de estas dificultades se propone realizar masajes en los músculos del rostro para favorecer la sensibilidad de estas zonas. También se puede estimular con objetos de diferentes texturas o cepillo de dientes de vibración. Posteriormente, se procede a trabajar con la producción de movimientos, guiando al paciente en la correcta ejecución de estos.

Vía extrapiramidal

Esta vía es descrita por su papel regulador en el movimiento, participando de manera simultánea con la vía piramidal. Aunque filogenéticamente este conjunto de aferencias es más primitivo que su contraparte -la vía piramidal-, se caracteriza por la planeación, retroalimentación y corrección de secuencias motoras complejas. Cabe señalar que la principal diferencia entre la vía piramidal y extrapiramidal es su localización, mientras que en el primer caso la concentración de eferencias se localiza en la médula espinal, en la vía extrapiramidal las eferencias se conectan en tres estructuras subcorticales principales: tálamo, cerebelo y núcleos de la base (subestructura constituida a su vez por el núcleo lentiforme, putamen y globo pálido, núcleo caudado, la substancia nigra y núcleo subtalámico) (Rodríguez, Bizcocho, López y Salas, 1998; Junior, Felício y Prado, 2006, Caralps, S/N). Al mismo tiempo, la vía extrapiramidal se subdivide en una serie de tractos que atraviesan la médula espinal, pero que tienen su origen en distintos núcleos ubicados en la subcorteza del encéfalo, y la función que en conjunto ejercen esta serie de tractos resulta de vital importancia para la producción del movimiento.

Tracto rubroespinal

Las fibras de este tracto tienen su origen en el núcleo rojo mesencefálico; decusan el segmento, el tallo cerebral y la sustancia reticular, viajando a través de los nervios espinales por delante del tracto corticoespinal. Estas fibras se encuentran principalmente conformadas por motoneuronas alfa y gamma, y trasmiten la información del núcleo rojo, el cerebelo y el estriado. Dicho conjunto de fibras tiene como función principal el control de grupos musculares de todo el cuerpo. Específicamente, este haz de fibras estimula los movimientos flexores e inhiben la actividad extensora; aspectos como la postura de un individuo son directamente dependientes de la relación que existe entre el tono muscular y la actividad de las neuronas motoras que inervan a músculos y tendones. Por lo que, el subsistema de la vía extrapiramidal mantiene estrecha relación con la actividad de la corteza motora y estructuras subcorticales como, núcleos de la base y tálamo.

En particular las fibras del tracto rubroespinal resultan de vital importancia para soportar fuerzas presentes en el mundo físico. Diariamente, el cuerpo humano está sometido a fuerzas como la gravedad, diversas inclinaciones en diversas superficies, la resistencia del aire, etc., los cuales son factores contra los que los músculos del cuerpo deben lidiar a la hora de coordinar y dirigir el movimiento. De tal manera que este control "inconsciente" sobre el cuerpo es supervisado por este paquete de fibras, además de retroalimentar de manera inmediata e ininterrumpida al sistema, con el objetivo de facilitar cambios rápidos en la dirección o intención del movimiento.

Aplicaciones en la rehabilitación neuropsicológica

Las alteraciones de esta estructura suelen asociarse con problemas motores significativos como el pobre control de las extremidades, problemas de coordinación y aumento de la actividad extensora. De hecho, los infantes que muestran perturbaciones en el tracto rubroespinal suelen presentar un tono muscular elevado y con tendencia a actividad extensora. En el caso de la dispraxia o la apraxia, esto representa un gran problema, ya que el pronóstico de rehabilitación de la fisiología normal de esta estructura es directamente dependiente del grado de la lesión, en el mejor caso, el trabajo con estímulos propioceptivos y sensitivos que estimulen los movimientos flexores ayudarán en la rehabilitación. Por esto es recomendable que, al igual que los ejercicios empleados para modular el tono muscular, se haga uso de diferentes texturas suaves, calor, posturas en flexión, etc. Además de ello, se busca que el paciente sea capaz de manipular objetos hacia direcciones específicas, en primera instancia con una motilidad gruesa y posteriormente tratando de refinar el movimiento con la manipulación de objetos más pequeños.

Tracto reticuloespinal

Forma parte de la vía extrapiramidal, se origina en la formación reticular del puente y médula oblongada del tronco encefálico, e interviene en el control de la postura y movimiento. Este tracto es una vía alterna a través de la cual los comandos motores voluntarios son mandados a la médula espinal (Noback, Strominger, Demarest y Rugiero, 2005). La mayor parte del control inhibitorio de la locomoción ocurre a lo largo de esta vía. Cuando este tracto está dañado, la consiguiente desinhibición de las motoneuronas provoca un aumento en la actividad refleja, espasticidad y dificultades para los movimientos motores. Ejerce un control bilateral de los músculos de las dos extremidades jugando un papel importante en el inicio y mantenimiento de la marcha. La ritmicidad de la marcha se debe a un proceso de inducción recíproca entre centros flexores y extensores situados simétricamente a la derecha e izquierda del neuroeje. Las influencias excitantes que descienden del cerebro a los centros espinales de los miembros no son intermitentes sino continuas, y dan por resultado un movimiento rítmico alternativo de los miembros.

Aplicaciones en la rehabilitación neuropsicológica

Los ejercicios buscan impactar en el control muscular y trabajar los movimientos básicos como caminar, sentarse o saltar, aunque también se trabajarán movimientos más complejos como bailar o correr. En un primer momento, se trabajarán ejercicios simples que demanden poco esfuerzo, y posteriormente ir introduciendo técnicas más complejas que requieran un esfuerzo mayor de los grupos musculares. Para la rehabilitación de los problemas de desinhibición motora se recomienda trabajar, como primer paso, la regulación y control del acto motor, con el objetivo de fortalecer el sistema atencional y con ello marcar los límites de una respuesta en particular. Por ejemplo, en el juego de congelados, el niño tiene que estar alerta para evitar ser alcanzado, pero al ser "congelado" debe quedarse quieto sin moverse para no perder. Las habilidades obtenidas a partir de la coordinación motriz permiten que los individuos puedan desarrollar la capacidad de realizar una diversidad de movimientos, tanto delicados y precisos como fuertes o resistentes. Por ejemplo, un pianista desarrollará coordinación motriz en sus manos y dedos que le permitirá tocar de manera delicada y suave cada una de las teclas del piano, y emitir diversas notas musicales agradables al oído. Además, al estimular el movimiento rítmico, es de suma importancia trabajar en la ritmicidad de flexores y extensores.

Tracto vestibuloespinal

Las neuronas del núcleo vestibular lateral situado en el puente y la médula oblongada, cerca del piso del cuarto ventrículo, da origen a los axones que forman el tracto vestibuloespinal, sus fibras se extienden hasta los músculos axiales del cuello y espalda. El tracto vestibuloespinal, recibe fibras aferentes del oído interno a través del nervio vestibular y desde el cerebelo, sirve para controlar el tono de los músculos extensores en el mantenimiento antigravitatorio de la postura, específicamente, estimula la activación de reflejos miotáticos. Así mismo, inhibe la actividad de los músculos flexores en asociación con el mantenimiento del equilibrio (Noback, et al, 2005), y participa en el control del equilibrio.

Aplicaciones en la rehabilitación neuropsicológica

Para la rehabilitación de los casos con lesiones en el tracto vestibuloespinal, se trabaja la marcha y la movilidad en superficies irregulares, con el fin de realizar ajustes posturales en contra de la fuerza gravitacional. Además, aspectos como el control postural, el manejo del espacio en superficies libres, el esquema corporal y el movimiento entre distintos objetos, pueden estimularse. Algunas actividades útiles para el trabajo con personas que muestran alguna de las alteraciones anteriormente señaladas son, el trabajo sobre equipo suspendido, recorrer circuitos que requieran un ajuste constante de posiciones y la planificación de patrones motores para la resolución de tareas complejas.

II. Tronco encefálico

El tronco encefálico es una estructura que se extiende desde el límite superior de la médula espinal y llega hasta la parte caudal del encéfalo. Está formado por el bulbo raquídeo (la continuación de la médula espinal), el puente y el mesencéfalo (Valadéz, 2006); y tiene una importante función sensorial y motora.

El tronco encefálico se considera anatómica y fisiológicamente una extensión de la médula espinal (Purves, *et al.*, 2008); sin embargo, el tronco produce movimientos más complejos que la médula. Los movimientos que produce el tronco encefálico involucran a todo el cuerpo y son importantes para caminar, comer, beber, nadar, acicalarse y para la conducta sexual (Kolb y Whishaw, 2003). Esta estructura también regula la atención, la temperatura corporal, la alimentación, el sueño, la vigilia, entre otras conductas (Kolb y Whishaw, 2003).

El tronco encefálico es un centro de relevo de la información somatosensorial proveniente de la médula espinal y de las vías motoras de la corteza cerebral; además, desde esta estructura surgen vías que llevan información motora a la cara, la cabeza y todo el cuerpo (Kolb y Whishaw, 2003). En la parte central del tronco se encuentran los núcleos de los nervios craneales y haces de fibras sensoriales y motoras; este conjunto de núcleos y fibras constituyen la formación reticular (Kolb y Whishaw, 2003; Young y Young, 2001).

Existen doce pares de nervios craneales, los cuales están involucrados principalmente en los sistemas sensoriales y motores de la cabeza. La mayoría de ellos se encuentran distribuidos a lo largo del tronco encefálico. Algunos nervios craneales tienen una función sensorial, otros tienen una función motora y otros tienen una función mixta: sensorial y motora (Kolb y Whishaw, 2003; Rosenzweig, 2005; Young y Young, 2001).

El nervio oculomotor (III), el nervio troclear (IV) y el nervio abducens (VI) son nervios que tienen una función motora y se encuentran involucrados en el control muscular de los ojos. La disfunción de estos nervios puede provocar defectos en los movimientos de los ojos, en la dilatación de las pupilas, visión doble, desviación de los ojos hacia el exterior o interior, caída del párpado, etc.

Aplicaciones en la rehabilitación neuropsicológica

El correcto funcionamiento de los nervios craneales que controlan el movimiento ocular (oculomotor (III), troclear (IV) y abducens (VI)) son importantes para efectuar las praxias debido a que es necesario que la persona se guíe con la vista para realizar movimientos dirigidos a una meta, que, por lo regular, implican la interacción con objetos. La vista brinda retroalimentación al cerebro con respecto a la posición de los objetos en el espacio, lo que permite que el cerebro haga ajustes en cuanto a distancia, profundidad, posición de las extremidades, etc. Para la rehabilitación de la disfunción de estos nervios se propone realizar actividades de atención y seguimiento visual, por ejemplo, que el paciente siga con la mirada el movimiento de un objeto de interés. El objeto debe moverse en distintas direcciones (arriba, abajo, izquierda, derecha, en diagonal).

Los nervios trigémino (V) y facial (VII) tienen una función mixta. El nervio trigémino (V) está implicado en la sensibilidad de la cara, nariz y dientes, y en los movimientos de la mandíbula involucrados en la masticación. Un defecto en este nervio puede provocar una menor sensibilidad o entumecimiento de la cara, dolor, debilidad y atrofia de los músculos faciales (Kolb y Whishaw, 2003; Rosenzweig, 2005). Asimismo, el nervio facial (VII) se encarga de los movimientos de la cara importantes para la expresión facial, así como de la sensibilidad de la lengua y el paladar. Una disfunción de este nervio puede provocar parálisis facial o la pérdida del sentido del gusto (Kolb y Whishaw, 2003; Rosenzweig, 2005).

Aplicaciones en la rehabilitación neuropsicológica

La disfunción de los nervios trigémino (V) y facial (VII) impide la retroalimentación de la sensibilidad y el movimiento de músculos involucrados en el habla o la masticación, lo cual puede producir alteraciones en las praxias como apraxia verbal y oral. Para la rehabilitación se propone realizar masajes en los músculos de la cara para estimular la función sensitiva, y el uso de un cepillo de dientes que vibra. También se pueden incluir ejercicios de propiocepción de la lengua como empujar al frente, a los lados, jalar la lengua, o cargar un objeto, como un lápiz. Es importante que se tenga una retroalimentación sensitiva de los nervios para la realización de movimientos de expresión facial y de la mandíbula. Otro ejemplo de actividad es que el paciente sople burbujas, una por una y en una dirección específica, por ejemplo, hacia el frente. Soplar y apagar velas de cumpleaños o hacer que baile la flama, controlando la salida del aire y los músculos de la cara.

El nervio vestibulococlear (VIII) es el único nervio sensorial que se encuentra en el tronco encefálico; se encarga de ingresar al encéfalo información auditiva, por lo que una disfunción de este nervio puede provocar sordera y sensación de ruido en el oído (Kolb y Whishaw, 2003). Este nervio también lleva información del sistema vestibular, el cual se encarga de detectar la posición de la cabeza en el espacio, así como el movimiento del cuerpo y los efectos de la gravedad (Purves *et al.*, 2008). Una disfunción de este nervio también puede provocar problemas en la postura, desequilibrio o una desorientación en el espacio (Kolb y Whishaw, 2003).

Aplicaciones en la rehabilitación neuropsicológica

La adecuada función del nervio vestibulococlear ayuda a que el paciente pueda mantener el equilibrio cuando su cuerpo cambia de postura, ya que en la realización de movimientos aprendidos como andar en bicicleta o subir escaleras, el cuerpo necesita realizar ajustes posturales con cada movimiento para mantener el equilibrio y no caerse. En la rehabilitación se puede utilizar una pelota y colocar al paciente en distintas posiciones, por ejemplo, acostado boca abajo sobre la pelota (decúbito prono) y boca arriba (decúbito supino), y que se mantengan mientras la pelota se encuentra en movimiento. También pueden emplearse ejercicios como subir una rampa, bajarla, agachar la cabeza para recoger pelotas, y pasar por encima y por debajo de una mesa o silla con el fin de buscar la estimulación de los canales semicirculares y el sistema vestibular.

El nervio glosofaríngeo (IX) tiene una función mixta, por lo tanto, se encarga de la sensibilidad y movimiento de la lengua y la faringe. Está implicado en el sentido del gusto y es el responsable del reflejo faríngeo o nauseoso. Su disfunción puede provocar boca seca, pérdida del gusto, anestesia y parálisis de la faringe superior (Kolb y Whishaw, 2003; Rosenzweig, 2005). El nervio vago (X) tiene también una función sensorial y motora de órganos como el corazón, los vasos sanguíneos y las vísceras; así como el movimiento de la laringe y la faringe, importantes para la fonación y vocalización. Además, es el responsable del reflejo palatino (deglución). Su disfunción puede provocar ronquera, anestesia, parálisis de la faringe inferior y defectos viscerales (Kolb y Whishaw, 2003; Rosenzweig, 2005). El nervio accesorio (XI) y el nervio hipogloso (XII) son nervios que llevan información motora desde el tronco encefálico. El nervio accesorio controla los músculos del cuello y, por lo tanto, su alteración trae consigo la parálisis de los músculos inervados por el mismo. El nervio hipogloso controla los músculos de la lengua, de modo que la disfunción de este nervio puede provocar temblor, debilidad o desviación de la misma (Kolb y Whishaw, 2003; Rosenzweig, 2005).

Aplicaciones en la rehabilitación neuropsicológica

En los casos de inmadurez en el desarrollo, la dimensión más afectada por lesiones en esta estructura es el lenguaje. El pobre control de la musculatura del rostro altera la calidad de la fonación, de la deglución, de la masticación y la musculatura de la lengua. De tal manera que, lo que generalmente es clasificado como problemas en la alimentación, evoluciona a problemas en el lenguaje y la expresión facial. Estos niños no realizan los movimientos necesarios de la lengua y labios para la masticación y formación del bolo alimenticio. Inclusive, en ocasiones necesitan empujarse la comida con la mano y la tragan casi completa, lo cual dificulta la digestión. Una forma de trabajar los movimientos del aparato orolinguofacial es a través de masajes en la cara y boca, estimular el interior de los carillos y encías con cotonetes, abatelenguas, mordederas o cepillo de dientes de vibración, lo cual favorece el fortalecimiento del tono muscular de la cara. También, estimular las sensaciones de ligamentos y articulaciones involucrados en la masticación (propiocepción). Además de ello, se trabaja con el tono de la lengua, y la regulación y control del músculo para producir fonemas. Otros ejemplos de ejercicios para lograr el control del aparato fonoarticulador son inhalar y expirar, tarea que favorece principalmente la regulación y control del diafragma, los labios y la lengua.

El tronco encefálico podría considerarse el primer nivel de integración sensorial, ya que este es el primer sitio en el que converge información sensorial de diferentes vías: gustativa, auditiva, vestibular, propioceptiva y táctil (de la cabeza y el cuerpo). En él se llevan a cabo funciones como el control y ajuste del tono muscular, la regulación de la postura y el mantenimiento del equilibrio. Además, en esta región se encuentran los núcleos motores que desarrollan programas motores estereotipados conocidos como generadores centrales de pautas o secuencias motoras, como los movimientos respiratorios, los movimientos de la masticación o los de la marcha.

Núcleos motores del tronco encefálico

Formación reticular o sustancia reticular

A lo largo del tronco del encéfalo hay cúmulos de neuronas con múltiples conexiones entre sí, dando lugar a una especie de retículo. La formación reticular constituye un sistema excitador-inhibidor con la misión de lograr continuamente el tono adecuado de la musculatura. Esta ejerce su acción excitadora o inhibidora sobre el circuito gamma mediante vías que terminan en las motoneuronas o interneuronas medulares. Sus vías son dos: el haz reticuloespinal medial (protuberancia y mesencéfalo) y el haz reticuloespinal lateral (bulbo), los cuales llevan órdenes opuestas. El primero excita a motoneuronas extensoras encargadas de mantener el cuerpo erguido contra la gravedad. El segundo, inhibe a estas mismas neuronas oponiéndose a la posición antigravitatoria, facilitando la acción de los músculos flexores. La disfunción de la formación reticular produce alteraciones en el nivel de alerta y el control muscular.

Aplicaciones en la rehabilitación neuropsicológica

La formación reticular se encuentra involucrada en una gran cantidad de funciones como el control músculo-esquelético, la expresión facial, el control de sensaciones somáticas y viscerales, el control del sistema endócrino y ritmos biológicos, así como en el nivel de conciencia y estado de alerta. Para la realización de las praxias, estas funciones cobran importancia, ya que se necesita un adecuado nivel de alerta y control muscular para aprender y realizar movimientos que implican la interacción con objetos. En la rehabilitación de la formación reticular se pueden aplicar estímulos de frío, dolor y presión para activar el sistema y aumentar el estado de alerta del paciente, así como estimulación vestibular vertical, como brincar sentado en una pelota o de pie en un brincolín.

Núcleos vestibulares

Están situados entre la protuberancia y el bulbo, y se denominan superior, medial, inferior y lateral (o de Deiters). De este último se origina el haz vestibuloespinal lateral y desde los núcleos medial, superior e inferior sale el haz vestibuloespinal medial. Estas fibras llegan a motoneuronas e interneuronas de la médula cervical y dorsal. El sistema vestibular ayuda a que el tono muscular en la musculatura antigravitatoria sea el apropiado, tanto en situación, como en los cambios posturales del cuello y tronco originados por giros de la cabeza. Los núcleos vestibulares reciben información del aparato vestibular y señales propioceptivas de diversas partes del cuerpo, en especial de los músculos de cuello. Por otro lado, los núcleos vestibulares envían eferencias a diferentes localizaciones dentro y fuera del tronco del encéfalo, provocando respuestas reflejas que ayudan a mantener una correcta coordinación entre los movimientos de todas las estructuras corporales incluyendo los ojos. La alteración de estos núcleos origina problemas en ajustes posturales de la cabeza.

Aplicaciones en la rehabilitación neuropsicológica

Algunas acciones implican realizar movimientos de manera coordinada como caminar o correr. De igual forma, un adecuado tono muscular, el control del equilibrio y la postura corporal ayudan a mantenernos en ciertas posiciones sin caernos o sujetar de manera adecuada los objetos; estas son funciones que se encuentran asociadas con los núcleos vestibulares. Un ejemplo para la rehabilitación de esta estructura es que los niños anden en patín del diablo (scooter), que requiere ajustes posturales en la realización del movimiento horizontal y mantener el equilibrio.

Núcleo rojo

Participa en el mantenimiento postural, se encuentra en el mesencéfalo y recibe conexiones del cerebelo y de la corteza motora. De él sale el haz rubroespinal que cruza al lado opuesto, y desciende hacia la médula de forma paralela al haz piramidal. El núcleo rojo activa motoneuronas flexoras de las extremidades, e inhibe las extensoras. Es importante en la movilidad flexora de las partes distales de las extremidades, lo que facilita el cambio de posición de estas en los movimientos reflejos posturales. Lesiones en el núcleo rojo se asocian con la presencia de temblor y ataxia.

Aplicaciones en la rehabilitación neuropsicológica

La ejecución de habilidades motoras aprendidas como andar en bicicleta, manejar, etc., implica que los músculos de las extremidades tengan una función flexora y extensora coordinada que facilite el movimiento y los ajustes corporales. Para la rehabilitación se puede guiar al paciente para que realice movimientos coordinados de las extremidades, por ejemplo, estirar la pierna derecha mientras flexiona la pierna izquierda para patear una pelota, y después cambiar: se flexiona la derecha y se estira la izquierda.

Tubérculos cuadrigéminos superiores

Se encuentran en la parte posterior del mesencéfalo, reciben principalmente información visual e intervienen en respuestas reflejas de atención, reflejos que requieren coordinar la movilidad de cuello, cabeza y ojos, para orientarlos hacia el estímulo y preparar la respuesta que puede ser de defensa o de huida. La lesión de esta estructura se asocia con deficiencias visuales, dificultades en el desplazamiento de la mirada y alteraciones en la atención.

Aplicaciones en la rehabilitación neuropsicológica

La realización de movimientos propositivos implica la coordinación de movimientos oculares y de la cabeza para direccionar hacia un estímulo en particular. En esta acción se encuentran involucrados los **tubérculos cuadrigéminos superiores** y para la rehabilitación se sugiere utilizar tareas de atención y seguimiento visual como, seguir burbujas que se mueven en distintas direcciones y posiciones, que impliquen el movimiento de la cabeza.

III. Tálamo

El tálamo se ubica en el extremo rostral del tronco encefálico y funciona como un centro de relevo importante y como una estación de integración de la información que, posteriormente, pasa a todas las áreas de la corteza cerebral, los núcleos de la base, el hipotálamo y el tronco encefálico. Los tálamos son dos estructuras en forma ovalada que se encuentran en el centro del cerebro, se unen por la masa intermedia o unión intertalámica. Cada uno tiene diferentes núcleos que se pueden dividir dependiendo su ubicación: anterior, medial dorsal, de la línea media, lateral dorsal, lateral posterior, pulvinar, ventral anterior, ventral lateral, ventral posterolateral, ventral posteromedial, geniculado lateral, geniculado medial, intralaminar y reticular (Young y Young, 2001). Cada núcleo tiene proyecciones a un área específica de la corteza (Kolb y Whishaw, 2003).

La información sensorial proveniente del tronco encefálico (somatosensorial, auditiva, vestibular y gustativa) llega al tálamo y hace un segundo relevo. En el tálamo se agrega información de la vía visual y olfativa, por lo que esta estructura puede considerarse el segundo nivel de integración sensorial. Además, el tálamo no solamente recibe información de todos los sistemas sensoriales, sino que transmite esa información a diversas áreas de la corteza cerebral.

La parte anterior del tálamo contiene los núcleos talámicos anteriores, los cuales reciben proyecciones del tracto mamilotalámico y tienen conexiones recíprocas con el giro cingulado y el hipotálamo. Su función se encuentra relacionada con el sistema límbico, principalmente con el tono emocional y la memora reciente.

La parte medial del tálamo contiene el núcleo medial dorsal y otros núcleos más pequeños. El núcleo medial dorsal tiene conexiones bidireccionales con la corteza prefrontal y con los núcleos del hipotálamo; además, se encuentra interconectado con otros grupos de núcleos talámicos. La función de la parte medial del tálamo se encuentra asociada con la integración de información somática, visceral y olfatoria, y la relación de esta información con las emociones y los estados subjetivos.

El **núcleo ventral anterior** tiene conexiones con la formación reticular, la sustancia nigra, el cuerpo estriado, la corteza premotora y con muchos de los otros núcleos talámicos. Se sugiere que influye en las funciones de la corteza motora debido a que se ubica entre el cuerpo estriado y las áreas motoras de la corteza frontal.

Las conexiones del **núcleo ventral lateral** son similares a las del núcleo ventral anterior, además, tiene una aferencia mayor proveniente del cerebelo y una aferencia menor proveniente del núcleo rojo. Es probable que este núcleo influya en la actividad motora ya que sus principales proyecciones se dirigen hacia el área motora y premotora de la corteza cerebral.

El **núcleo ventral posterior** se subdivide en el núcleo ventral posteromedial y el núcleo ventral posterolateral. El primero recibe información de las vías trigeminales y gustativas ascendentes. Mientras que el segundo recibe información de tractos sensoriales ascendentes y los lemniscos medial y espinal. Las proyecciones talamocorticales de estos núcleos atraviesan el brazo posterior de la cápsula interna y la corona radiada hacia las áreas sensoriales somáticas en el giro postcentral de la corteza cerebral.

Los **núcleos intralaminares** son pequeños grupos de células nerviosas dentro de la lámina medular interna. Reciben aferencias de la formación reticular, los tractos espinotalámicos y trigeminotalámicos. Por otro lado, envían eferencias a otros núcleos talámicos, los que a su vez proyectan hacia la corteza cerebral y el cuerpo estriado. Se sugiere que los núcleos intralaminares influyen en el nivel de conciencia y el estado de alerta de un individuo.

El **cuerpo geniculado medial** es una tumefacción sobre la superficie posterior del tálamo por debajo del pulvinar. Las fibras aferentes provienen del colículo inferior -el cual recibe del lemnisco lateral- forman el brazo inferior. El cuerpo geniculado medial forma parte de la vía auditiva, recibe información de ambos oídos, pero principalmente del oído opuesto.

El **cuerpo geniculado lateral** forma parte de la vía visual; es un engrosamiento de la superficie inferior del pulvinar del tálamo y consiste en seis capas de células nerviosas. En el cuerpo geniculado lateral llegan la mayor parte de las fibras del tracto óptico; las fibras son los axones de la capa de células ganglionares de la retina y provienen de la mitad temporal del ojo homolateral, y de la mitad nasal del ojo contralateral, las cuales cruzan la línea media en el quiasma óptico. Por lo tanto, cada cuerpo geniculado lateral recibe información visual del campo visual opuesto. Las fibras eferentes abandonan el cuerpo geniculado lateral para formar la radiación visual, que se dirige hacia la corteza visual del lóbulo occipital.

Desde el punto de vista anatómico y funcional, el tálamo y la corteza cerebral están estrechamente vinculados debido a que se encuentran conexiones de fibras entre ambas estructuras. Se sabe que luego de la extirpación de la corteza, el tálamo puede apreciar las sensaciones brutas. Sin embargo, la corteza cerebral es necesaria para la interpretación de las sensaciones basadas en experiencias pasadas. Por ejemplo, cuando se destruye la corteza sensitiva, es posible apreciar la presencia de un objeto caliente en la mano; sin embargo, la apreciación de la forma, el peso y la temperatura exacta del objeto se encuentra alterada.

Cada sistema sensorial llega a un núcleo específico del tálamo:

- La información somatosensorial (tacto, presión, dolor y temperatura) se procesa en el núcleo ventral posteromedial (cabeza y cuello) y ventral posterolateral (cuerpo), posteriormente es transmitida a la corteza somatosensorial del lóbulo parietal.
- La información auditiva se procesa en el núcleo geniculado medial y es enviada a la corteza auditiva en el lóbulo temporal.
- La información vestibular llega al núcleo ventral posterior y se dirige a la corteza somatosensorial del lóbulo parietal.
- El núcleo ventral posteromedial recibe información del sentido del gusto, la cual se dirige al área gustativa en el lóbulo parietal.
- La información visual llega al núcleo geniculado lateral y posteriormente se proyecta hacia la corteza visual en el lóbulo occipital.
- La información olfativa se recibe en la parte central del núcleo medial dorsal,

después es proyectada hacia la corteza orbitofrontal.

Por tanto, casi toda la información que recibe la corteza es transmitida primero al tálamo (Kolb y Whishaw, 2003; Purves, *et al.*, 2008). Sin embargo, el tálamo no es solo una estación de relevo de la información sensorial, sino el sitio en el que se procesa e integra por medio de neuronas talámicas que filtran, mejoran y ajustan la información para dirigirla a las diferentes áreas de la corteza. Asimismo, existen vías descendentes que proveen retroalimentación desde la corteza para la modulación de dicha información (Purves, *et al.*, 2008).

La integración sensorial que realiza el tálamo es importante, ya que, para realizar cualquier actividad es necesario integrar y coordinar información proveniente de diferentes vías. Por ejemplo, cuando caminamos por la calle, existen estímulos en el ambiente que son captados por nuestro sistema visual y nos ayudan a identificar dónde estamos, a dónde debemos dirigirnos o dar la vuelta, y estar al pendiente de las bajadas, subidas, baches o desniveles del suelo. Durante la marcha nuestro sistema vestibular nos ayuda a hacer los ajustes necesarios de nuestro cuerpo para mantener la postura y el equilibrio, sobre todo cuando subimos o bajamos de la banqueta o cuando caminamos por alguna superficie irregular. Asimismo, nuestro sistema auditivo nos permite reconocer cuando se acerca algún carro o alguna persona, lo cual nos lleva a acelerar la velocidad de la marcha o detenernos. Si cargamos una bolsa o mochila, el sistema propioceptivo nos permite corroborar que la misma se encuentra en nuestra mano, hombro o espalda sin necesidad de verla constantemente, evitando que caiga al suelo sin que nos demos cuenta.

A pesar de que esta es una actividad común y aparentemente simple, es importante que todos nuestros sistemas sensoriales estén integrados y trabajen de manera coordinada para que podamos llevar a cabo nuestro objetivo. Por lo tanto, el tálamo es el encargado de integrar toda esta información, filtrarla y enviarla a la corteza.

Aplicaciones en la rehabilitación neuropsicológica

Para la rehabilitación se pueden implementar actividades que impliquen la integración de diferentes modalidades sensoriales que llegan al tálamo: propiocepción de cabeza y cuerpo, vía vestibular, vía visual, vía auditiva. Una propuesta es que el niño golpee un globo mientras se mantiene sobre un balancín. En esta actividad se ve implicado el sistema vestibular al mantener el equilibrio y el control postural sobre el balancín. También participa en sistema visual y el sistema propioceptivo al tener que seguir la trayectoria del globo para mover sus extremidades y golpearlo. Además, se involucra el sistema auditivo, ya que debe escuchar las instrucciones y el sonido del globo mientras es golpeado. El adecuado funcionamiento de esta estructura tiene relevancia en la ejecución de las praxias debido a su papel en la integración de las diferentes modalidades sensoriales que ayudan a guiar los movimientos en relación con un objeto.

Núcleo Talámico	Circuito aferente	Circuito eferente	Función
Anterior	Tracto mamilotalámico, circunvolución del cíngulo, hipotálamo	Circunvolución del cíngulo, hipotálamo	Tono emocional, mecanismos de la memoria reciente

Núcleo Talámico	Circuito aferente	Circuito eferente	Función
Dorsomedial	Corteza prefrontal, hipotálamo, otros núcleos talámicos	Corteza prefrontal, hipotálamo, otros núcleos talámicos	Integración de la información somática, visceral y olfatoria, y relación con las sensaciones emocionales
Dorsal lateral, posterolateral, pulvinar	Corteza cerebral, otros núcleos del tálamo	Corteza cerebral, otros núcleos del tálamo	Desconocida
Ventral anterior	Formación reticular, sustancia nigra, cuerpo estriado, corteza premotora, otros núcleos del tálamo	Formación reticular, sustancia nigra, cuerpo estriado, corteza premotora, otros núcleos del tálamo	Influye en la actividad de la corteza motora
Ventral lateral	Formación reticular, sustancia nigra, cuerpo estriado, corteza premotora, otros núcleos del tálamo, cerebelo y núcleo rojo	Formación reticular, sustancia nigra, cuerpo estriado, corteza premotora, otros núcleos del tálamo, cerebelo y núcleo rojo	Influye en la actividad motora de la corteza motora
Ventral posteromedial (VPM)	Lemnisco trigeminal, fibras gustativas	Corteza somestésica primaria (áreas 3, 1, 2)	Relevo de sensaciones comunes hacia la conciencia
Ventral posterolateral (VPL)	Lemniscos medial y espinal	Corteza somestésica primaria (áreas 3, 1, 2)	Relevo de sensaciones comunes hacia la conciencia
Intralaminar	Formación reticular, tractos espinotalámicos y trigeminotalámicos	Hacia la corteza cerebral a través de otros núcleos talámicos, cuerpo estriado	Influye en los estados de conciencia y en el estado de alerta
De la línea media	Formación reticular	Desconocido	Desconocido

Núcleo Talámico	Circuito aferente	Circuito eferente	Función
Reticular	Corteza cerebral, formación reticular	Otros núcleos talámicos	La corteza regula el tálamo
Cuerpo geniculado medial	Colículo inferior	Radiación auditiva	Audición
Cuerpo geniculado lateral	Cintilla óptica	Radiación óptica hacia la corteza visual del lóbulo occipital	

Tabla 3. Núcleos del tálamo.

IV. Cerebelo

El cerebelo es una estructura foliada que se encuentra encima del tronco encefálico a la altura del puente. Al igual que el cerebro, el cerebelo está dividido en dos hemisferios, tiene una corteza, tractos de fibras de sustancia blanca (aferentes y eferentes) y núcleos subcorticales, los cuales contienen neuronas que envían información a otras partes del cerebro (Kolb y Wishaw, 2003). Recibe mensajes de sistemas sensoriales -somatosensorial, vestibular, visual y auditivo- y motores -desde la médula espinal, el tronco encefálico y la corteza motora frontal y parietal- (Kalat, 2011; Rosenzweig, 2005).

El cerebelo se encarga de funciones como el equilibrio, la coordinación, el mantenimiento de la postura y el balance, el aprendizaje de habilidades motoras, la percepción, el cálculo del tiempo, el aprendizaje y la regulación del ritmo y la corrección de error (Kalat, 2011; Kolb y Wishaw, 2003; Purves, *et al.*, 2008; Rosenzweig, 2005). Asimismo, se encuentra implicado en la sinergia del movimiento, la cual es la capacidad por medio de la cual los movimientos se agrupan de manera correcta para la ejecución de actos que requieren ajustes especiales, para el establecimiento y el mantenimiento del equilibrio y para la regulación del tono muscular. También, se ha sugerido que el cerebelo participa en el procesamiento cognitivo; los pacientes con daño en el cerebelo presentan dificultades en el habla, memoria de trabajo, aprendizaje no motor y atención (Pinel, 2007; Purves, *et al.*, 2008).

En una actividad muscular compleja se superponen tres niveles de función cerebelosa, por ejemplo, la ejecución de una secuencia de movimientos automáticos o propositivos que conducen a una meta está favorecida y sustentada por un adecuado tono muscular, por un control efectivo del equilibrio entre el cuerpo y el espacio extracorporal, así como la acción sinérgica de los músculos antagonistas y agonistas durante la ejecución del movimiento.

El cerebelo participa en la mecánica del movimiento, que implica varios procesos: 1) para que se inicie un movimiento se requiere la **contracción** de un músculo o un grupo muscular, y al mismo tiempo, debe relajarse otro grupo opuesto de músculos antagonistas; 2) para que la ejecución de un movimiento se lleve a cabo de manera correcta, se necesita una **cantidad** definida de contracción muscular, la cual se lleva a cabo y es controlada por el ajuste que realizan las fibras musculares comprometidas en el movimiento; 3) la **duración** correcta de los impulsos nerviosos; y 4) cuando en el movimiento participan diversas articulaciones es esencial que los músculos se contraigan y relajen en una **secuencia** apropiada. Para que todo esto se efectúe de manera coordinada, el cerebelo debe funcionar como reloj suizo a fin de integrar todos los engranes de las señales sensitivas y motoras.

El cerebelo recibe y procesa información continua de la tensión y longitud de cada músculo, pero también de las articulaciones y de los receptores vestibulares del oído interno. Para funcionar como reloj suizo, el cerebelo debe recibir al mismo tiempo señales procedentes de todas las partes del sistema nervioso central que participan en la regulación de la actividad motora para procesarla en la corteza cerebelosa. Este proceso también incluye estructuras como la formación reticular, el núcleo rojo, y la corteza cerebral. Finalmente, un mecanismo de salida del cerebelo retroalimenta a todas las estructuras que participan en la regulación y control de la actividad motora.

La corteza cerebelar se divide en tres áreas, cada una de las cuales recibe información de diferentes zonas del sistema nervioso central: espinocerebelo, vestibulocerebelo y cerebrocerebelo.

Espinocerebelo

El espinocerebelo recibe inputs desde la médula espinal, principalmente de propioceptores que llevan información de la actividad muscular y la posición de las articulaciones en el espacio. Asimismo, envía señales a circuitos locales en la médula espinal ipsilateral para controlar reflejos posturales y coordinar grupos de músculos relacionados funcionalmente (Kolb y Wishaw, 2003; Purves, *et al.*, 2008).

La regulación del tono muscular está asociada con la función de áreas intermedias o paravermianas. Aunque los fenómenos generadores, reguladores y estabilizadores del tono muscular no dependen solamente del cerebelo, este participa de manera activa gracias a sus conexiones con la formación reticular. Por otro lado, la parte medial del espinocerebelo (vermis) contribuye a la coordinación de la musculatura axial (de la línea media del cuerpo) y regula el movimiento de la cara y los ojos; la parte lateral contribuye a la coordinación de los músculos distales (extremidades, manos, dedos y pies), especialmente durante la locomoción (Kolb y Wishaw, 2003; Purves, *et al.*, 2008).

Se ha encontrado que lesiones en el vermis provocan un movimiento desorganizado y descoordinado, así como una marcha inestable. Por otro lado, el daño en la parte lateral del cerebelo afecta el movimiento de las extremidades (Purves, *et al.*, 2008).

Aplicaciones en la rehabilitación neuropsicológica

El espinocerebelo se encuentra involucrado en la actividad y coordinación muscular, la posición y movimiento de las articulaciones en el espacio, y el control postural. Una propuesta son tareas que involucren el movimiento de las extremidades de una manera organizada, posiblemente, colocando al niño en una posición incómoda, por ejemplo, dentro de una licra, y de la cual tenga que "desanudarse". Al principio se guían los movimientos del paciente y poco a poco se deja que él mismo realice la actividad solo a comando verbal.

Vestibulocerebelo

El control del equilibrio tanto estático, al estar de pie o sentado, como dinámico durante el movimiento, depende de manera importante de las regiones vermianas, el lóbulo flóculonodular y el núcleo fastigial, y sus conexiones con el sistema vestibular. El lóbulo flóculonodular está ubicado en la parte ventral del cerebelo y recibe proyecciones desde el núcleo vestibular, por este motivo se le llama vestibulocerebelo. Esta estructura está involucrada en el control de la postura y el balance, y en el movimiento de los ojos; sus proyecciones se dirigen a la médula espinal y a los núcleos motores que controlan el movimiento de los ojos. De hecho, entre los principales síntomas observados después de un daño en el cerebelo se encuentran los problemas de equilibrio y defectos posturales (Kolb y Wishaw, 2003; Purves, *et al.*, 2008).

Aplicaciones en la rehabilitación neuropsicológica

Las lesiones del vestibulocerebelo afectan el control del equilibrio, la postura y el movimiento de los ojos. Para la rehabilitación de las funciones asociadas a esta estructura se puede, por ejemplo, sentar al paciente en una pelota y guiar en los movimientos de la cadera: de izquierda a derecha, de manera circular, o rebotando. Puede colocarse un espejo enfrente del paciente de manera que pueda verse completamente mientras realiza esta actividad, y pueda apoyarse en el sistema visual y para corregir la postura. También se pueden emplear actividades de seguimiento visual para la estimulación del movimiento ocular, por ejemplo, colocarlo sobre un balancín mientras sigue la trayectoria de una burbuja. Posteriormente, para aumentar la complejidad, se le puede pedir que además aviente dardos al tiro al blanco.

Cerebrocerebelo

El cerebrocerebelo recibe inputs desde la corteza cerebral; la información hace relevo en neuronas que se encuentran en núcleos del puente cuyos axones cruzan la línea media y se dirigen a áreas laterales del hemisferio contralateral del cerebelo. Además, desde esta área, el cerebelo envía información a la corteza frontal y parietal, pasando por el núcleo ventrolateral del tálamo (Purves, *et al.*, 2008).

Estas proyecciones son importantes, ya que se considera que esta estructura tiene un papel fundamental en el aprendizaje y mantenimiento de habilidades motoras, por ejemplo, tocar un instrumento, escribir en un teclado de computadora o anotar un gol. Se ha observado que daños en el cerebelo afectan la capacidad para aprender habilidades motoras nuevas (Kalat, 2011; Pinel, 2007). El cerebelo tiene dos funciones fundamentales en este tipo de aprendizaje: la corrección de error y la regulación del ritmo (Kolb y Wishaw, 2003).

La corrección del error se observa, por ejemplo, al tirar un balón a una canasta de basketball; la corteza envía la instrucción a la médula y una copia al cerebelo. Si el tiro es exitoso no es necesario hacer rectificaciones, pero si el tiro falla es necesario hacer un ajuste. Al lanzar el balón los receptores de los músculos envían la retroalimentación al cerebelo, de manera que ahora el cerebelo tiene información tanto de la orden que envió la corteza, como del movimiento que realmente se realizó. El cerebelo calcula el error y envía a la corteza frontal y parietal la información de los ajustes que se deben realizar para corregir el movimiento. Ahora la corteza envía nuevamente la instrucción a los músculos involucrados (Kolb y Wishaw, 2003).

También, el cerebelo se encarga de calcular y regular el tiempo o el ritmo de los estímulos; lo cual contribuye en el aprendizaje de habilidades motoras. Las personas con daños en el cerebelo tienen dificultades tanto para calcular el tiempo de los estímulos como para efectuar movimientos que requieran de ritmo o secuencia (Kalat, 2011; Kolb y Wishaw, 2003), por ejemplo: servir café de una jarra en el instante perfecto, ni antes de la taza ni después de esta.

Los circuitos córtico-ponto-olivo-cerebelo-tálamo-corticales son fundamentales en la génesis de los movimientos estructurados y propositivos o práxicos, tan importantes en las actividades humanas, desde las simples y cotidianas como el vestirse, peinarse o rasurarse, hasta las de alta complejidad como tocar un instrumento musical, escribir, hablar.

Aplicaciones en la rehabilitación neuropsicológica

Los músculos envían información al sistema nervioso para que la respuesta motora sea adecuada, si existe alguna alteración en el proceso la respuesta motora no será ejecutada de forma correcta. Como ya se mencionó, el cerebrocerebelo se encarga de la corrección del error y la regulación del tiempo y el ritmo, los cuales son importantes al momento de realizar deportes, escribir, o aprender alguna habilidad motora. Para la rehabilitación de estas funciones se pueden desempeñar actividades que integren la corrección del error y la regulación del tiempo. Un ejemplo es lanzar dardos desde una cierta distancia. El niño debe lanzar un dardo y al siguiente tiro ajustar la fuerza y/o dirección del movimiento para dar en el blanco; en cada turno se debe de contar para que lance el dardo, por ejemplo, que tire el dardo a la cuenta de tres.

V. Núcleos de la Base

Los núcleos de la base son un grupo de núcleos subcorticales que se encuentran debajo de las regiones anteriores de la corteza y rodean el tálamo. Están formados por el núcleo caudado, el putamen y el globo pálido (Kalat, 2011a). Además, el núcleo subtalámico y la sustancia nigra contribuyen a la función de los núcleos de la base (Purves *et al.*, 2008).

Los núcleos de la base son importantes para la conducta motora, principalmente en el aprendizaje motor (Kalat, 2011b). Además, algunas de sus funciones son inhibir movimientos indeseados y permitir los deseados, iniciar la producción de movimientos dirigidos a una meta y modular la fuerza de los movimientos (Kolb y Wishaw, 2003; Purves, *et al.*, 2008). Asimismo, los núcleos de la base se encuentran involucrados en funciones cognitivas que no están estrechamente relacionadas con el movimiento (Pinel, 2007; Purves *et al.*, 2008).

El globo pálido, un componente de los núcleos de la base, está involucrado en la generación de velocidad y amplitud del movimiento (Desmurget y Turner, 2008). Además, juega un rol específico en la motivación, cognición y control de la acción, debido a las conexiones de esta estructura con diferentes áreas corticales. El globo pálido anteroventral se relaciona con conductas ligadas a la motivación como búsqueda de recompensas y evitación de estímulos aversivos; la región anterodorsal se caracteriza por funciones asociadas a la cognición como decisión del objetivo y selección de la acción; y el área posterior se encarga de actividad relacionada con la preparación de la acción y ejecución de movimientos (Saga, Hoshi y Tremblay, 2017). Asimismo, el área anterior del globo pálido se activa durante la realización de secuencias de movimientos, junto con el cuerpo estriado y áreas motoras de la corteza cerebral (Lehéricy *et al.*, 2006).

El funcionamiento de los núcleos de la base involucra la acción de una vía excitatoria y una vía inhibitoria, las cuales convergen en la parte interna del globo pálido. En la vía inhibitoria los núcleos subtalámicos excitan constantemente al globo pálido, el cual tiene un efecto inhibitorio en el tálamo, que a su vez inhibe a la corteza; de esta manera se pueden inhibir movimientos involuntarios (Purves *et al.*, 2008).

La vía excitatoria es importante para realizar movimientos voluntarios. Por ejemplo, cuando se va a llevar a cabo el movimiento decisivo para anotar el gol en la portería, la corteza envía el mensaje al núcleo caudado y putamen, los cuales inhiben al globo pálido dejando libre al tálamo para excitar a la corteza motora y prefrontal, así la corteza puede enviar el mensaje a los músculos de las piernas involucrados en ese movimiento (Kalat, 2011; Kolb y Wishaw, 2003; Purves *et al.*, 2008).

Este circuito es crucial para la realización de movimientos voluntarios, ya que funciona como un mecanismo de disparo o inicio de la producción de movimientos dirigidos a una meta; esto lo hace inhibiendo movimientos indeseados y permitiendo los movimientos deseados de acuerdo con las circunstancias en las cuales se van a ejecutar (Purves *et al.*, 2008). Sin embargo, este no es un mecanismo de todo o nada, es decir, existe un balance entre los efectos excitatorios e inhibitorios de los núcleos de la base que modula la fuerza con la que se realizarán los movimientos (Purves *et al.*, 2008). Por lo que el globo pálido está involucrado tanto en el inicio como en la modulación del movimiento.

La actividad de las vías excitatoria e inhibitoria determina si el movimiento será débil o fuerte (Kolb y Wishaw, 2003). En el ejemplo anterior, cuando se va a lanzar el balón para anotar el gol, si la portería se encuentra lejos se necesitará una gran fuerza, por lo que la actividad de la vía excitatoria será más alta que la de la vía inhibitoria, el tálamo excitará a la corteza, aplicando una mayor fuerza en la patada para lanzar el balón. Si, por el contrario, la portería se encuentra cerca se necesitará una menor fuerza, por lo que la actividad de la vía inhibitoria será más alta que la de la vía excitatoria, de esta manera el tálamo será inhibido, reduciendo el input a la corteza y disminuyendo la fuerza de la patada (Kolb y Wishaw, 2003).

El daño a los núcleos de la base se asocia con alteraciones del movimiento. En la enfermedad de Parkinson, la atrofia de esta estructura provoca dificultad para realizar movimientos. Esta enfermedad es causada por la muerte selectiva de neuronas dopaminérgicas en la sustancia nigra, por lo que hay un incremento en la excitación del tálamo y la corteza (Purves *et al.*, 2008). Los pacientes con Parkinson muestran una marcada interrupción en la habilidad para iniciar movimientos voluntarios y presentan temblor en reposo. También se observa rigidez muscular, marcha lenta y defectos en la postura y el balance (Kolb y Wishaw, 2003; Purves *et al.*, 2008).

En el caso de la enfermedad de Huntington, existe una menor inhibición hacia el tálamo y la corteza, por lo tanto, aparecen muchos movimientos involuntarios, exagerados y espasmódicos del tronco y las extremidades, así como sacudidas y contorsiones de todo el cuerpo (Kalat, 2011a). Asimismo, los pacientes con síndrome de Tourette presentan movimientos involuntarios como giros de la cabeza, movimientos repentinos de la mano o el brazo, vocalizaciones indeseadas y tics como resultado de un daño a los núcleos de la base (Kolb y Wishaw, 2003).

La disfunción de los núcleos de la base juega un papel importante en la expresión de la distonía, principalmente en la disrupción de la actividad del circuito núcleos basales y tálamo. Asimismo, la distonía se encuentra asociada con reducción de la inhibición, plasticidad maladaptativa y alteración del procesamiento sensorial, lo cual refleja de manera indirecta la influencia de los núcleos de la base sobre áreas corticales y el tronco encefálico (Bologna y Berardelli, 2017).

Aplicaciones en la rehabilitación neuropsicológica

Los núcleos de la base están implicados en la inhibición y producción de movimientos dirigidos a una meta, el aprendizaje motor, la realización de secuencias de movimiento, la modulación de la fuerza del movimiento, y en funciones no motoras como la motivación y la cognición. La lesión de los núcleos de la base afecta tanto la producción como la inhibición del movimiento. La ejecución de las praxias se puede ver afectada por alteración a los núcleos de la base. Las dificultades se pueden presentar en la realización de actividades cotidianas como comer, sentarse o caminar. Incluso impacta en tareas que implican la manipulación o interacción con objetos como vestirse, servir un vaso con agua, entre otras, afectando la funcionalidad e independencia del paciente. En la rehabilitación se sugiere presentar al paciente un estímulo fuerte que le sea muy motivante, por ejemplo, invitarlo a meter la mano a un balde de agua o un juguete atractivo que le queda a una distancia considerable, para que tenga la iniciativa y motivación de acercarse y tomarlo por lo atractivo que le resulta.

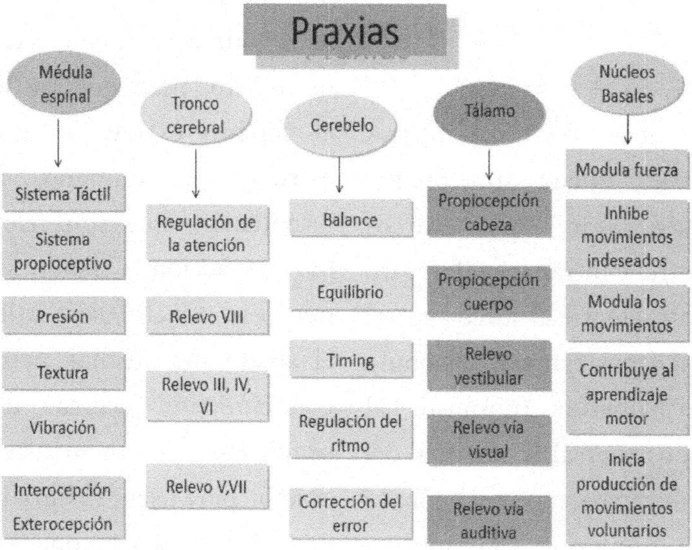

Figura 1. Resumen de los correlatos neuroanatómicos de las praxias, nivel subcortical (Castillo, 2016).

VI. Lóbulo parietal

El lóbulo parietal tiene una función importante en el procesamiento de información somatosensorial, el movimiento y el procesamiento de información espacial (Kolb y Wishaw, 2003).

Este lóbulo se localiza encima del lóbulo temporal, y entre el lóbulo frontal y occipital de cada hemisferio. Está constituido por el giro postcentral (áreas de Brodmann 3, 1, 2), lóbulo parietal superior (5,7), opérculo parietal (43), giro supramarginal (40) y giro angular (39) (Kolb y Wishaw, 2003).

Se puede dividir en tres principales zonas funcionales, divididas por los surcos postcentral e intraparietal: el giro postcentral (entre el surco central y el surco postcentral), el lóbulo parietal superior (posterior al surco postcentral y encima del surco intraparietal) y el lóbulo parietal inferior compuesto por el giro supramarginal y el giro angular (posterior al surco postcentral y debajo del surco intraparietal) (Valadéz, 2006).

La corteza parietal posterior comprende una multiplicidad de áreas, cada una implicada en el análisis de determinados aspectos de la información sensorial (somatosensorial, visual, auditivo, vestibular). El sistema de coordenadas puede variar en diferentes partes de la corteza parietal de acuerdo con la naturaleza de las acciones evocadas por estímulos sensoriales (Kalaska *et al.,* 1997). Se ha propuesto que cuando se le pide a un sujeto que tome un objeto, pero que no lo use, el cerebro extrae los atributos estructurales (tamaño, forma, orientación) que son relevantes para la acción. Cuando se pide que ese objeto sea utilizado, el sujeto debe echar mano del conocimiento acerca de las propiedades funcionales del objeto para ser integradas en un subsistema de conocimiento manipulatorio para poder tomar el objeto (Randerath, Goldenberg,

Spijkels, Li & Hermsdörfer, 2010). Como evidencia de la participación del lóbulo parietal en la ejecución práxica, Heilman *et al.*, describieron el caso de una paciente diestra con una lesión en el hemisferio izquierdo, específicamente en el lóbulo parietal superior, las alteraciones práxicas se caracterizaban por errores en el manejo espacial, sobre todo con ojos cerrados, y presentaba problemas para orientar sus extremidades en el espacio con respecto al objeto (Heilman, Rothi, Mack, Feinberg & Watson, 1985). Jeannerod et al. (1994) reportaron el caso de un paciente que tras haber sufrido una lesión bilateral parieto-occipital, mostraba errores práxicos que consistían en movimientos torpes e inexactos al tratar de alcanzar un objeto y fallas en la correlación entre la adherencia y el tamaño del objeto.

El área somatosensorial primaria está ubicada en el giro postcentral, el área somatosensorial secundaria se encuentra en el lóbulo parietal superior y el área terciaria en el lóbulo parietal inferior.

Área primaria

La corteza somatosensorial primaria (área de Brodmann 3, 1 y 2) es la primera región cortical que recibe y procesa información del tacto, propiocepción, dolor y temperatura del hemicuerpo opuesto, proveniente del tálamo. Esta región tiene proyecciones hacia la corteza somatosensorial secundaria y hacia regiones motoras, como la corteza motora primaria. La conexión de esta área con regiones motoras nos habla de la importancia que tiene el sistema somatosensorial en la conducta motora, ya que este nos informa sobre la posición de nuestro cuerpo para el control del movimiento (Kolb y Wishaw, 2003; Valadéz, 2006).

En la corteza somatosensorial primaria se encuentra un mapa de la representación topográfica de las sensaciones del cuerpo, el cual se ha llamado homúnculo sensorial. De manera que, las sensaciones de la boca y los ojos se representan en la parte ventral de esta zona, en la parte media se representa la mano y los dedos y en la parte dorsal se encuentra la representación de los pies (Kolb y Wishaw, 2003).

Este mapa no representa el cuerpo en proporción real, por lo que el homúnculo tiene la cara y las manos grandes en comparación con el torso y las extremidades proximales. Esto refleja la importancia de la retroalimentación sensorial para la manipulación con las manos, la expresión facial y el habla (Purves *et al.*, 2008).

Actualmente, se sugiere que no existe solamente un homúnculo, sino cuatro, distribuidos en las siguientes subregiones de la corteza somatosensorial primaria: 3a, 3b, 1 y 2. El área 3a representa la sensación propioceptiva (posición y movimiento de los músculos), las áreas 3b y 1 representan los estímulos táctiles y el área 2 procesa estímulos táctiles y propioceptivos (de las articulaciones). Cada una de estas áreas contiene una representación separada y completa del cuerpo (Kolb y Wishaw, 2003; Purves, *et al.*, 2008).

Una disfunción en áreas somatosensoriales primarias puede provocar cambios en el umbral somatosensorial y problemas en la propiocepción. Es decir, los pacientes presentan pérdida o disminución de la sensibilidad en el hemicuerpo contralateral, dificultades para localizar la parte del cuerpo en la que se les ha tocado, o identificar el número de estímulos táctiles que se les ha presentado; también tienen dificultades para reportar, sin ayuda visual, cuál es la posición de sus dedos, manos o extremidades, sobre todo cuando alguien más los ha movido; finalmente, pueden presentar torpeza en el movimiento de las extremidades debido a la falta de retroalimentación sobre la posición de estas (Kolb y Wishaw, 2003).

Aplicaciones en la rehabilitación neuropsicológica

Para la rehabilitación del área somatosensorial primaria se propone utilizar objetos de diferentes texturas y tamaños como peluches, y estimular con ellos diferentes partes del cuerpo del paciente. También se sugiere emplear objetos con distinta temperatura, por ejemplo, hielo para estimular frío; y otros que estimulen dolor como tocar los barrotes de un pasamanos.

Área secundaria

El lóbulo parietal superior es el área somatosensorial secundaria (área de Brodmann 5 y 7), la cual recibe conexiones de la corteza somatosensorial primaria y se encarga de analizar, coordinar e integrar los estímulos somatosensoriales; también se encarga del reconocimiento fino de la sensibilidad, la localización táctil y el reconocimiento de objetos por medio del tacto (estereognosia) (Valadéz, 2006).

Esta región tiene una función importante en el procesamiento espacial, ya que está involucrada tanto en la detección de estímulos u objetos en el espacio como en la guía visual de los movimientos -en el espacio- de las manos, dedos y extremidades para la manipulación de objetos (Kolb y Wishaw, 2003).

Una disfunción en regiones secundarias del lóbulo parietal puede provocar una incapacidad para reconocer un objeto por medio del tacto (astereognosia) (Kolb y Wishaw, 2003), ya que, aunque se encuentre preservada la capacidad de percibir las características individuales del mismo, existen dificultades en integrar las características para identificar el objeto y darle un significado.

También se ha sugerido que la corteza parietal superior está involucrada en la representación interna del cuerpo o esquema corporal (Parkinson *et al.*, 2010), debido a que en esta región hay una interacción multisensorial entre la visión, el tacto, la propiocepción y el sistema vestibular; sistemas sensoriales importantes en la composición del esquema corporal (Ayres, 1972 y Maravita *et al.*, 2003).

La representación o esquema corporal es una memoria compuesta de la representación de cada parte del cuerpo y de todos los movimientos que han realizado. Contiene información del tamaño, peso y contorno de cada parte de nuestro cuerpo, nos permite saber su posición actual en relación con el resto del cuerpo y con respecto a los movimientos que ha realizado en el pasado. También contiene información del ambiente -como la fuerza de gravedad- y de las características de los objetos del entorno (su peso, dureza, flexibilidad, resistencia, textura) (Ayres, 1985).

El esquema corporal se construye desde la infancia a medida que el niño experimenta con su cuerpo, produciendo diferentes movimientos y posturas, las cuales se van almacenando para formar una representación mental completa del cuerpo (Ayres, 1998).

La función de la corteza parietal superior es importante para la ejecución de movimientos, porque la planeación motora depende no solo del objetivo que se quiere alcanzar, sino también del estado actual del cuerpo (Zimmermann *et al.*, 2012). De hecho, esta región tiene proyecciones hacia la corteza motora primaria, el área motora suplementaria, regiones premotoras y corteza prefrontal, por lo tanto, la información sensorial se integra en esta región y es enviada a áreas frontales para el movimiento y la ejecución de la acción (Kolb y Wishaw, 2003). Asimismo, esta región se encarga de actualizar constantemente la información de la posición del cuerpo en el espacio y genera un estimado del siguiente estado motor para el próximo movimiento (Holmes y Spance, 2004; Parkinson *et al.*, 2010).

Aplicaciones en la rehabilitación neuropsicológica

En la rehabilitación se sugiere realizar actividades que estimulen la representación interna del cuerpo o esquema corporal, como echarse marometas, rodar su cuerpo en el piso o en un cojín grande. También se le puede pedir al niño golpear un globo con diferentes partes del cuerpo, o trepar y arrastrase a través de las patas de sillas y mesas. Deben incluirse actividades que requieran jalar, cargar y empujar para la estimulación de la propiocepción, por ejemplo, mover el equipo de terapia como cojines enormes, o sostener su propio peso de un trapecio o los barrotes del pasamanos.

Área terciaria

El giro supramarginal y el giro angular (área 39 y 40) constituyen el área terciaria o de asociación del lóbulo parietal. Esta región se ha denominado área parieto-temporo-occipital debido a que allí converge información de dichos lóbulos, por lo que recibe información visual, auditiva, táctil, propioceptiva y vestibular (Kolb y Wishaw, 2003). La integración de esta información es relevante para asociar la imagen de un objeto (por medio de la visión) con la forma, la textura (tacto), y su nombre (audición).

Esta región también está involucrada con algunos procesos atencionales como la capacidad de cambiar nuestra atención de un estímulo a otro, sostener la atención en una tarea durante un tiempo determinado y detectar un estímulo novedoso dentro de una secuencia de eventos (Husain y Nachev, 2006).

El lóbulo parietal inferior es importante en el procesamiento de información espacial, es decir, aquella que requiere el uso o manipulación mental de las propiedades espaciales de los estímulos (Kolb y Wishaw,

2003). Esta habilidad nos permite manipular mentalmente imágenes de objetos, diferenciar e integrar la parte derecha e izquierda de nuestro cuerpo y del espacio extra-corporal, y guiar nuestra conducta en dicho espacio.

Existen actividades que requieren de habilidades espaciales, entre otras, como la aritmética, la lectura y la escritura, ya que se necesita la manipulación (rotación y acomodo en un espacio) de símbolos abstractos. Por lo cual, una disfunción del lóbulo parietal izquierdo genera déficits en aritmética, lectura, escritura, entre otras habilidades (Kolb y Wishaw, 2003).

Para el cálculo y la aritmética es necesario reconocer y trazar los números con una orientación determinada, de lo contrario tendrían un valor diferente, como en 6 y 9. También se requiere acomodar correctamente los números en un espacio determinado tomando en cuenta las unidades, decenas y centenas para determinar el valor -como en 258, 528 y 825- y realizar una operación aritmética.

En la lectura y escritura es necesario retener la posición espacial de las letras para reconocerlas y trazarlas, y así saber que estoy leyendo banco y no danco; o que quiero escribir queso y no pueso. También se requiere acomodar las letras de cierta manera para formar una palabra, ya que, aunque las palabras AMOR, ROMA y RAMO contienen las mismas letras, no significan lo mismo y esto está determinado por la organización espacial dentro de la palabra.

Asimismo, el lenguaje tiene elementos espaciales importantes (Kolb y Wishaw, 2003), de modo que una disfunción del lóbulo parietal izquierdo provoca una alteración en el manejo de relaciones lógico-gramaticales que ocasionan dificultades para diferenciar entre las frases “el hijo de mi padre” y “el padre de mi hijo”, o para entender

"Si María es más grande que Rosa ¿quién es más joven?".

Otra función del lóbulo parietal inferior es la organización motora práxica, es decir, las memorias de los engramas o secuencias motoras para la ejecución de movimientos complejos (Valadéz, 2006), por lo que, una disfunción en esta región puede provocar apraxia construccional.

La imitación de acciones significativas parece estar mediada por el conocimiento implícito sobre la forma y el significado del gesto, estos componentes son procesados en regiones que participan en la planificación y generación de acciones, así como en la corteza temporal (Decety *et al.*, 1997). Un déficit perceptivo debido a una lesión parietal puede provocar una transformación mental anormal de la parte del cuerpo de otra persona (Bonda *et al.*, 1995), ocasionando dificultades para imitar gestos sin sentido. Asimismo, esta alteración también puede estar causada por la incapacidad para almacenar temporalmente y/o manipular las relaciones espaciales en la memoria visoespacial de trabajo.

Con el objetivo de analizar cuáles de los diferentes componentes de las apraxias aparecen tras lesiones del lóbulo parietal, Goldberg y Spatt (2009) llevaron a cabo un estudio con treinta y dos pacientes que habían sufrido lesiones en el hemisferio izquierdo. Analizaron el conocimiento funcional proveniente de la memoria semántica (asociaciones funcionales), la solución de problemas mecánicos (herramientas no conocidas) y el uso de herramientas de uso común en la vida diaria. Apoyados en estudios de resonancia magnética funcional, pudieron establecer tres localizaciones ante los diferentes componentes de las apraxias: 1) las lesiones en el giro temporal medial afectaron el rendimiento en el conocimiento funcional, 2) las lesiones parietales afectaron el conocimiento de las soluciones mecánicas, y 3) las lesiones precentrales y de regiones mediales frontales afectaron el uso de objetos comunes.

Villareal et al. (2008) realizaron estudios de resonancia magnética funcional para evaluar las áreas corticales involucradas durante el reconocimiento de la mímica de las acciones, los gestos intransitivos (sin objeto) y transitivos (con objeto), y acciones sin sentido, componentes que se dan durante el proceso de reconocimiento de la acción. Los resultados mostraron que: 1) la activación del surco temporal superior se produce durante el reconocimiento de gestos transitivos e intransitivos, 2) la activación del lóbulo parietal inferior izquierdo y del surco intraparietal se da durante el reconocimiento de las tres condiciones, y 3) la activación del giro frontal inferior izquierdo se produce durante el reconocimiento de las acciones intransitivas.

Leiguarda (2000), considera que la apraxia se debe a defectos de orden superior en la integración sensoriomotora, y que la interrupción de los circuitos frontoparietal y sus conexiones subcorticales, que traducen la información sensorial en acción, dan lugar a la mayor parte de los errores práxicos observados en la apraxia ideomotora. El daño a los circuitos dedicados a la transformación sensoriomotora que permite agarrar, alcanzar, modificar la postura y controlar los movimientos de las partes del cuerpo, producirá una postura incorrecta de dedos y manos, orientación anormal al tomar herramientas y objetos, alineación incorrecta del brazo, dificultades en la orientación del movimiento (con respecto al cuerpo y al objetivo del movimiento en el espacio extrapersonal), así como alteraciones en la trayectoria del movimiento. Por tanto, la calidad práxica de los errores en la apraxia ideomotora está determinada por el contexto en que se ejecuta el movimiento y los requisitos cognitivos de la tarea.

Imágenes de resonancia magnética funcional le permitieron a Pazzaglia (2008) evaluar la relación entre áreas cerebrales específicas y la conducta ejecutada en el desempeño y comprensión de gestos, en treinta y tres sujetos con lesión en el hemisferio izquierdo y ocho en el hemisferio derecho. Los resultados mostraron que la alteración en la comprensión de gestos con significado correlacionó con las lesiones en las porciones triangulares y operculares del giro frontal inferior.

Aplicaciones en la rehabilitación neuropsicológica

En la rehabilitación se sugiere utilizar actividades como construcción de legos, diseños con ligas, flechas, y cubos. Otra actividad es realizar el tangram donde se le presenta un modelo de una figura con la división de las piezas, para aumentar la complejidad se presenta el modelo sin las divisiones. Es conveniente variar el material de una sesión a otra para no hacerlo experto en una sola actividad.

VII. Lóbulo frontal

Los lóbulos frontales están involucrados en diversas funciones como la articulación del lenguaje, la motricidad, la conducta motivada, la competencia social, las funciones ejecutivas, entre otras (Cummings y Miller, 2007). Participan de manera notable en el sistema motriz regulando el tono muscular, la coordinación motora gruesa y fina, la coordinación ojo-mano, la secuencia melódica de los movimientos, la articulación del habla y la ideación, planeación y ejecución de movimientos.

Los lóbulos frontales se encuentran en la parte anterior del surco central. Cada lóbulo se puede dividir en tres áreas funcionales: corteza motora primaria, corteza motora secundaria y corteza prefrontal (Pinel, 2007).

Corteza motora primaria

La corteza motora primaria o circunvolución precentral constituye el área 4 de Brodmann (Kolb y Wishaw, 2003) y está situada en posición inmediatamente anterior al surco central (Rosenzweig, 2005). La corteza motora primaria contiene un mapa del cuerpo que se ha denominado homúnculo motor, el cual se divide por regiones que controlan el movimiento de grupos determinados de músculos (Pinel, 2007). En este mapa, las regiones desproporcionadamente grandes representan el movimiento de la boca y las manos, y áreas más pequeñas representan el movimiento del tronco y las extremidades. Esto indica que la distribución cortical es mayor en las partes del cuerpo implicadas en los movimientos más finos, complejos y elaborados (Purves, *et al.*, 2008). Las neuronas de la corteza motora se activan 5-100 ms antes del inicio de un movimiento; estas neuronas envían comandos a las motoneuronas alfa en las fibras musculares para que los músculos apropiados se contraigan.

La corteza motora primaria participa en la codificación de diferentes elementos del movimiento como:

1) Fuerza del movimiento. Muchas neuronas en la corteza motora primaria codifican la cantidad de fuerza necesaria para realizar un movimiento. Por ejemplo, la cantidad de fuerza requerida para llevar el brazo de un lugar a otro es mucho mayor si uno tiene en la mano una pelota de boliche, que si uno tiene una pelota de tenis. Nótese la diferencia entre la fuerza del movimiento y la fuerza muscular. Mientras una minoría de neuronas en la corteza motora primaria codifican la fuerza muscular individual, un gran número codifica la

cantidad de fuerza necesaria para un movimiento particular, independientemente de qué músculos individuales estén siendo usados. A su vez, bajo el principio del código de frecuencia y tamaño, las motoneuronas alfa traducen los comandos de las motoneuronas de la corteza y controlan la cantidad de fuerza generada por los músculos individuales para llevar a cabo el movimiento.

2) Dirección del movimiento. La corteza motora primaria contiene neuronas que son selectivas para una dirección particular de movimiento; por ejemplo, una célula se activa más intensamente cuando la mano es movida hacia la izquierda, mientras es inhibida cuando la mano es movida hacia la derecha.

3) Extensión del movimiento. La activación de algunas neuronas en la corteza motora primaria está correlacionada con la distancia del movimiento. Por ejemplo, en un mono entrenado para mover el brazo a diferentes puntos que varían en dirección y distancia del centro, el disparo de muchas neuronas está correlacionado con la dirección del movimiento, mientras que el disparo de otras neuronas está correlacionado con la distancia del movimiento. Es más, el disparo de algunas neuronas se encuentra correlacionado con la interacción de una distancia y dirección particulares, lo que significa que se asocian con la posición de un blanco en particular.

4) Velocidad del movimiento. Casi todos los movimientos que tienen un blanco siguen una curva de velocidad como función de la distancia, la cual tiene la típica figura de campana. Por ejemplo, cuando la mano mueve un objeto, como una taza de café, de un lugar a otro (el blanco), se acelera durante la primera parte del movimiento, llega a un máximo de velocidad aproximadamente a mitad de camino al blanco, y después desacelera cuando llega al blanco. La frecuencia de disparo de neuronas

en la corteza motora primaria de monos que se correlaciona con este perfil de velocidad tiene una forma de campana, demostrando que en estas neuronas la información sobre la velocidad del movimiento está contenida en los trenes de espigas.

Aplicaciones en la rehabilitación neuropsicológica

En la rehabilitación se sugiere emplear actividades que vayan dirigidas a mejorar el tono muscular. Estas deben incluir tareas de tipo vestibular vertical, como brincar sentado o parado en una pelota; la utilización de estímulos fríos, como jugar con macita previamente guardada en el refrigerador; o estímulos dolorosos o incómodos, como caminar sobre recipientes de plástico o con piquitos.

Corteza motora secundaria

La corteza motora secundaria es una región cortical importante para el control motor. Se encuentra en posición anterior a la corteza motora primaria y está compuesta por: la corteza premotora (área de Brodmann 6 lateral), el área motora suplementaria (área 6 medial) y el campo frontal ocular (área 8) (Kolb y Wishaw, 2003).

La corteza motora secundaria está implicada en la organización motora de movimientos posturales, así como en el aprendizaje y ejecución de movimientos coordinados, sinérgicos y secuenciados (Marín *et al.*, 2008; Rosenzweig, 2005). El área motora suplementaria participa cuando una secuencia de movimientos se genera internamente o se ensaya mentalmente, pero cuando la secuencia motora es guiada externamente participa el área premotora. Por otro lado, el área motora suplementaria participa en el aprendizaje motor implícito y la corteza premotora participa cuando el aprendizaje se da de manera explícita (Rosenzweig, 2005).

La corteza premotora contiene -al igual que la corteza motora primaria- un diccionario de movimientos del cual se hace la selección apropiada, aunque los movimientos que genera la corteza premotora son más complejos (Kolb y Wishaw, 2003).

El área motora suplementaria tiene una representación sensoriomotora, aunque tiene una función motora; participa en la planificación, iniciación y monitoreo de movimientos complejos (Marín *et al.*, 2008) después de recibir instrucciones de la corteza prefrontal dorsolateral (Pinel, 2007). También, tiene un papel importante en el control de la postura, en particular, en los ajustes posturales que preceden a los movimientos voluntarios (Leiguarda, 2000). En la realización de movimientos voluntarios, además del área motora suplementaria, es necesaria la información acerca del tamaño y la forma de los objetos, con el fin de producir patrones apropiados de movimientos de la mano y el dedo para tomarlos correctamente. Este proceso de transformación visomotora se lleva a cabo en un circuito formado por el lóbulo parietal inferior, la corteza premotora, la corteza premotora ventral y su interconexión con los núcleos basales y el cerebelo. Este circuito puede ser considerado como un subsistema lateral dedicado al agarre y a la manipulación manual (Jeannerod, Ardib, Rizzolatti & Sakata, 1994).

Las lesiones premotoras causan lo que Luria llamó "pérdida de la melodía cinética", esto es la desintegración de la dinámica del acto motor y de los movimientos complejos especializados, lo cual se hace evidente cuando la tarea requiere el aprendizaje de un movimiento nuevo (Luria, 1988). El daño a áreas premotoras puede causar: 1) incoordinación de los músculos del brazo proximal cuando estos se utilizan para la generación de movimientos, 2) orientación anormal y defectos en la trayectoria, y 3) déficit en el aprendizaje motor condicional, que puede ser la base de la selección inadecuada de las acciones en relación con el contexto (Passingham, 1993).

Estudios funcionales de imagen cerebral han mostrado que diferentes sistemas neuronales participan activamente en la preparación y generación de una acción secuencial. Se ha propuesto que, en la ejecución de los movimientos automáticos, aprendidos y secuenciales, se encuentran involucrados el área motora suplementaria, la corteza sensoriomotora primaria, el tálamo, la parte media posterior del putamen y el cerebelo. Mientras que, la ejecución de una secuencia compleja o aprendida recientemente implica la corteza prefrontal, premotora, parietal posterior y la parte anterior del caudado y putamen, debido a que esta tarea demanda mayor atención, integración de información multimodal y procesos de memoria de trabajo para la selección y el seguimiento adecuado (Bohlhalter *et al.*, 2009; Catalan, Honda, Weeks, Cohen, & Hallett, 1998; Goldberg & Spatt, 2009; Pazzaglia, Smania, Corato & Aglioti, 2008; Villareal *et al.*, 2008).

Aplicaciones en la rehabilitación neuropsicológica

Para la estimulación de estas áreas se sugiere actividades de psicomotricidad que incluyan el uso de aros, pelotas y saquitos de diferentes tamaños. Se recomienda trabajar la coordinación ojo-mano y ojo-pie. Por ejemplo, se le puede pedir al niño que patee un globo en lugar de una pelota, pues este se mueve de manera errática y requiere más control psicomotriz.

Corteza prefrontal

La corteza prefrontal se encarga del control, la organización y la coordinación de procesos cognitivos, respuestas emocionales y comportamientos, mediante un conjunto de funciones de autorregulación denominadas funciones ejecutivas (Tirapu-Ustárroz *et al.*, 2008). Se divide en tres regiones: dorsolateral (áreas 9 y 46 de Brodmann), orbitofrontal (áreas 11, 12, 13 y 14) y medial (áreas 25 y 32) (Kolb y Wishaw, 2003); estás regiones reciben información de alto nivel visual, auditivo y somatosensorial a través de las conexiones con la corteza temporal, parietal y occipital (Kaufer, Lewis 1999; Tirapu-Ustárroz *et al.*, 2008).

La información proveniente de regiones parietales es muy importante en la ejecución de praxias, ya que es necesario conocer la posición del cuerpo en el espacio para realizar cualquier movimiento; además, las regiones primarias de la corteza parietal proveen retroalimentación sensorial de los músculos y articulaciones durante la actividad motora. Asimismo, la corteza parietal envía información motora a diferentes regiones del lóbulo frontal dependiendo la complejidad del movimiento; para la realización de movimientos relativamente automáticos envía información a la corteza motora primaria, pero para la planeación de movimientos complejos envía información a la corteza prefrontal (Kolb y Wishaw, 2003; Pinel, 2007).

La corteza prefrontal también tiene un gran número de conexiones neuronales con regiones subcorticales (principalmente ganglios basales, tálamo, hipocampo y amígdala). Esta extensa red de conexiones permite a la corteza prefrontal monitorear la información a diferentes niveles de complejidad, integrar información del mundo externo y los estados internos para controlar y regular la conducta (Kaufer, 2007; Tirapu-Ustárroz *et al.*, 2008).

El término funciones ejecutivas engloba un amplio conjunto de habilidades o procesos cognitivos necesarios para organizar y planificar el comportamiento ante diferentes situaciones (Tirapu-Ustárroz *et al.*, 2008). Estas funciones incluyen la formulación de metas, el desarrollo y ejecución de estrategias para alcanzar dichas metas, el monitoreo y evaluación de la medida en la cual estas estrategias pueden o no contribuir al logro de las metas, y finalmente la modificación adaptativa de (o la persistencia en) las estrategias que se están llevando a cabo (Rains, 2004).

La corteza prefrontal dorsolateral tiene un papel importante en la conducta motora, ya que participa en la evaluación de estímulos externos -como luces, sonidos o señales de movimiento- y en el inicio de la respuesta voluntaria ante ellos (Kalat, 2011b; Pinel, 2007). En esta área de la corteza se toma la decisión de iniciar cualquier movimiento voluntario (Kalat, 2011b; Pinel, 2007) o inhibir un movimiento impulsivo o inapropiado de acuerdo con el contexto (Agam, *et al.*, 2010; Liepman, 1907). Permite monitorear, autocorregir y regular los propios movimientos o la acción en curso (Lezak, 1995). También se encarga, en conjunto con el área motora suplementaria, de la planeación de los movimientos complejos (Kalat, 2011a).

En resumen, el lóbulo frontal tiene una organización jerárquica y cada región (corteza motora primaria, secundaria y prefrontal) participa a diferentes niveles y aspectos de la actividad motora. La corteza prefrontal dorsolateral controla y regula la selección de movimientos para que estos se puedan llevar a cabo en un tiempo y lugar correctos; por medio de las proyecciones a la corteza motora primaria y secundaria, campo frontal ocular, entre otras, envía las instrucciones de los movimientos que se van a ejecutar. A su vez, el área motora secundaria tiene proyecciones a la corteza motora primaria y a la médula espinal para la ejecución de secuencias de movimientos complejos. Finalmente, la corteza motora primaria envía proyecciones a neuronas de la médula espinal para ejecutar movimientos individuales de la cara y el cuerpo; también proyecta a otras regiones subcorticales como los núcleos de la base y el núcleo rojo (Kolb y Wishaw, 2003; Pinel, 2007).

Los estudios publicados coinciden en que diferentes sistemas neuronales están involucrados en la realización de las diferentes acciones de acuerdo con el tipo de movimiento solicitado, ya sea una secuencia novedosa, conocida o automatizada; llevada a cabo desde la memoria, efectuada por imitación o de forma secuencial. En cualquier caso, el sistema integrado de la corteza premotora, prefrontal y parietal, junto con el cuerpo estriado y los fascículos de la sustancia blanca, forman una red neuronal implicada en diferentes acciones, que al sufrir un daño selectivo por un proceso patológico puede producir diferentes tipos de errores práxicos.

Aplicaciones en la rehabilitación neuropsicológica

Los lóbulos frontales se encuentran involucrados en funciones relacionadas con la conducta motora voluntaria. En la rehabilitación se pueden utilizar juegos de mesa como jenga o palillos chinos para favorecer la regulación y control de la conducta motora. Estos juegos implican el conocimiento de reglas y el objetivo; además, facilitan la regulación de la conducta mediante la espera de turnos, e incluso la realización de movimientos finos dirigidos a una meta, como en el caso del jenga.

VIII. Lóbulo occipital

El lóbulo occipital se encarga de diferentes funciones del procesamiento visual como el análisis visoespacial, la distancia, la profundidad, el color, el reconocimiento de objetos y caras, y la formación de recuerdos (Rehman y Al Khalili, 2020). El adecuado funcionamiento del lóbulo occipital es importante para la realización de praxias, ya que la visión permite explorar el espacio que nos rodea y ayuda a guiar los movimientos voluntarios y la manipulación de objetos. El lóbulo occipital se encuentra ubicado posterior al lóbulo parietal y temporal; se divide en el área visual primaria (área 17 de Brodmann) y el área visual secundaria o de asociación (áreas 18 y 19 de Broadmann) (Portellano, 2005; Rehman y Al Khalili, 2020; Snell, 2007).

Área visual primaria

La mayor parte del área visual primaria se encuentra en la superficie interna del lóbulo occipital rodeada por la cisura calcarina; recibe información del núcleo geniculado lateral del tálamo (Rehman y Al Khalili, 2020; Snell, 2007). En esta área se procesan las características de color, brillo y movimiento de lo percibido (Portellano, 2005).

Área visual secundaria

El área visual secundaria rodea a la corteza visual primaria por la superficie lateral y medial (Rehman y Al Khalili, 2020). Esta región recibe aferencias del área visual primaria y se encarga de relacionar esta información con experiencias visuales pasadas para que el individuo pueda reconocer lo que está viendo (Snell, 2007). Además, integra la información visual con otras modalidades sensoriales (Portellano, 2005).

La información visual se procesa diferencialmente a través de dos vías de fibras nerviosas. La vía ventral, también llamada vía del "qué", finaliza en la corteza inferotemporal y se encarga del reconocimiento de los estímulos visuales (Goodale, 2005; Portellano, 2005). La corteza occipitotemporal lateral procesa diversas dimensiones asociadas al acto motor como patrones de movimiento simple y complejo, los usos y movimientos característicos de los objetos; la forma y movimiento del cuerpo humano; y el material verbal que se refiere a las acciones simbólicas. Además, la actividad de esta región también está implicada en la preparación y ejecución de movimientos manifiestos y dirigidos a objetivos (Lingnau y Downing, 2015).

Por otro lado, la vía dorsal o vía del "dónde", termina en lóbulo parietal posterior y se encarga de analizar la localización espacial de los estímulos visuales e integrar la información de distintas modalidades sensoriales (Cooper y O'Sullivan, 2016; Portellano, 2005). El lóbulo parietal necesita procesar la información visual momento a momento para generar una representación y utilizarla como un modelo para el control de actos dirigidos a una meta (Cooper y O'Sullivan, 2016; Goodale, 2005). La acción de ambas vías tiene influencia en la realización de las praxias, debido a que es necesario saber qué se va a manipular, dónde está ubicado, y a partir de ello, se guían los movimientos para realizar la acción. Por ejemplo, al agarrar un objeto se tiene que guiar el alcance y el agarre.

Las alteraciones en la vía ventral producen incapacidad para percibir el tamaño, la forma y la orientación de los objetos. Sin embargo, se puede preservar la posición y rotación normal de la mano cuando se agarran objetos, aunque no se haya sido capaz de ver su estructura (Goodale, 2005). En cambio, las lesiones en la vía dorsal a menudo se manifiestan como problemas del movimiento (Cooper y O'Sullivan, 2016). Los pacientes con daño en esta vía muestran dificultad para tomar objetos de manera correcta, son incapaces de utilizar la visión para controlar movimientos dirigidos para el agarre, incluso cuando pueden describir la localización, tamaño, forma y orientación del objeto (Goodale, 2005).

Aplicaciones en la rehabilitación neuropsicológica

Para la rehabilitación de las funciones del lóbulo occipital se pueden emplear tareas de seguimiento visual, profundidad, distancia, coordinación ojo-mano, o coordinación ojo-pie. Un ejemplo, es lanzar costalitos hacia un bote o cesto, en esta actividad tiene que calcular la distancia, profundidad, la forma en la que tiene que agarrar el costalito y el movimiento del brazo para lanzarlo de manera correcta.

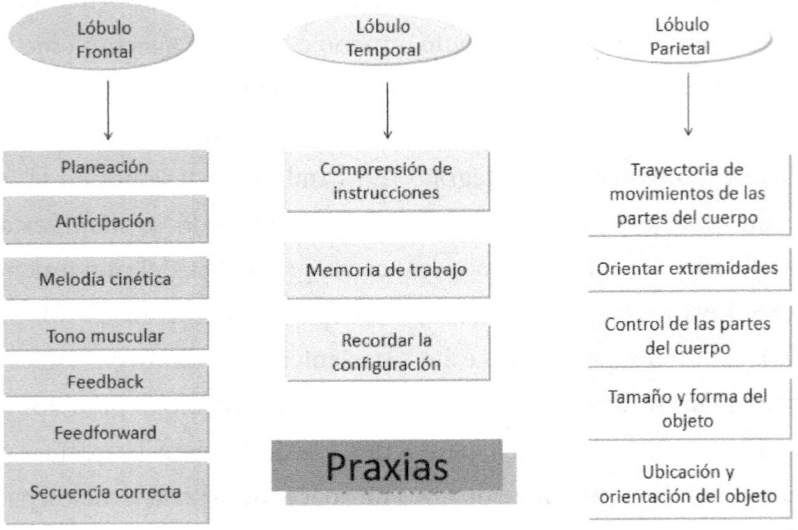

Figura 2. Resumen de los correlatos neuroanatómicos de las praxias, nivel cortical (Castillo, 2016).

Referencias

Adrian, E. (1926). Los impulsos producidos por las terminaciones nerviosas sensoriales. Parte 4. Impulsos de los receptores del dolor ". *Revista de fisiología 62*(1), 33 - 51 https://pubmed.ncbi.nlm.nih.gov/16993827/

Adrian , E. (1928) . *La base de la sensación: la acción de los órganos de los sentidos*. Nueva York : Norton & Co . https://psycnet.apa.org/record/1928-01753-000

Bear, M., Connors, B. & Paradiso, M. (2015). *Neuroscience: Exploring the Brain.* Wolters Kluwer

Bohlhalter, S., Hattori, N., Wheaton, L., Fridman, E., Shamim, A., Garraux, G. & Hallett, M. (2009). Gesture subtype-dependent left lateralization of praxis planning: An event-related fRMI study. *Cerebral Cortex, 19*(6), 1256- 1262.

Bonda, E., Petrides, M., Frey, S., & Evans, A. (1995). Neural correlates of mental transformations of the body-in-space. *Proc. Natl. Acad. Sci. USA* 92,11180–11184.

Canedo, A. (2003). Heteregeneidad funcional del sistema piramidal: corticobulbar y cortico espinal. *Revista Neurológica, 36* (5), 438- 452.

Caralps, A. La anatomía del sistema motor extrapiramidal. *Ars Medica, 5*(50), 313-323. http://revistes.iec.cat/index.php/AM/article/viewFile/137236/135912

Carbayo, M. (1998). *El sistema somato-sensorial.* España: Editorial WILKINS.

Castillo, A. (2016, 29 de octubre). *Evaluación y rehabilitación de la somatodispraxia* [ponencia]. Asociación Mexicana de Neuropsicología, Universidad Autónoma de Nuevo León, Monterrey, N.L., México.

Catalan, M., Honda, M., Weeks, R., Cohen, L. & Hallett, M. (1998). The functional neuroanatomy of simple and complex sequential finger movements: A PET study. *Brain*, 121, 253-264.

Compadre, J., Cruz, F., Orozco, G., & García, A. (2013). Hipoxia perinatal y su impacto en el neurodesarrollo. *Revista chilena de neuropsicología, 8*(1), 26-31.

Cooper, S., & O'Sullivan, M. (2016). Here, there and everywhere: higher visual function and the dorsal visual stream. *Practical Neurology, 16*(3), 176- 183.

Decety, J., Gre`zes, J., Costes, N., Perani, D., Jeannerod, M., Procyk, E., Grassi, F., & Fazio, F. (1997). Brain activity during observation of actions. Influence of action content and subject's strategy. *Brain, 120,* 1763–1777.

Desmurget, M. & Turner, R. (2008). Testing basal ganglia motor functions through reversible inactivations in the posterior internal globus pallidus. *Journal of neurophysiology, 99*(3), 1057–1076.

Goldberg, G. & Spatt, J. (2009). The neural basis of tool use. *Journal of Neurology.* 132, 1645-1655.

Goodale, M. (2005). Action insight: the role of the dorsal stream in the perception of grasping. *Neuron, 47*(3), 328–329.

Heilman, K., Rothi, L., Mack, L., Feinberg, T. & Watson, R. (1985). Apraxia after a superior parietal lesion. *Cortex, 22,* 141-150.

Hernández, G. (2005). La percepción táctil: consideraciones anatómicas, psico- fisiología y trastornos relacionados. *Revista de Especialidades Médico-Quirúrgicas, 10*(1), 8-15.

Holmes, N. & Spance, C. (2004). The body schema and the multisensory representation(s) of peripersonal space. *Cogn Process, 5*(2), 94-105

Husain, M. & Nachev, P. (2006) Space and the parietal cortex. *Trends in cognitive sciences, 11*(1), 30-36

Jeannerod, M., Ardib, M., Rizzolatti, G. & Sakata, H. (1994). Impairment of grasping movements following posterior parietal lesion. *Neuropsychology, 32,* 369-380.

Júnior, C., Felício, A. & Do Prado, G. (2006). Sistema Extrapiramidal. *Revista Neurociências, 14*(1), 48-51.

Kalaska, J., Scott, S., Cisek, P. & Sergio, L. (1997) Cortical control of reaching movements. *Current Opinions in Neurobiology,* 849– 859.

Kalat, W. (2011a). *Psicología biológica.* México: Cengage Learning.

Kalat, W. (2011b). *Introduction to psychology.* North Carolina State University

Kolb, B. & Whishaw, I. (2003). *Fundamentals of Human Neuropsychology.* New York: Freeman.

Leiguarda, R. & Marsden, C. (2000) Limp apraxias: higher-order disorders of sensorimotor integration. *Brain,* (123) 860–879

Lingnau, A., & Downing, P. (2015). The lateral occipitotemporal cortex in action. *Trends in cognitive sciences, 19*(5), 268–277.

Maravita A., Spence C. & Driver J., (2003). Multisensory integration and the body schema: closet o hand and within reach. *Current biology,* vol. 13, 531-539.

Miró, J. (2010). Función práxica y ganglios basales: contribuciones de los núcleos grises al movimiento voluntario. *Revista chilena de neuropsicologia, 5*(2), 69-81.

Moncayo, Á. (2016). Revisión anatómica del nervio facial (VII Par Craneano). *Morfolia, 8*(2).

Noback, C., Strominger, N., Demarest, R. & Rugiero, D. (2005). Motoneurons and motor pathways. En: *The human nervous system: structure and function,* (pp 193-206). Human Press.

Parkinson, A., Condon, L. & Jackson, S. (2010). Parietal cortex coding of limb posture: in search of the body-schema. *Neuropsychologia, 48,* 3228-- 3234.

Passingham, R. (1993). *The frontal lobe and voluntary action.* Oxford: Oxford University Press.

Pazzaglia, M., Smania, N., Corato, E. & Aglioti, S. (2008). Neuronal underpinnings of gesture discrimination in patients with limb apraxia. *Journal of Neuroscience, 28*(12), 3030-3041.

Pinel, J. (2007), *Biopsicología.* Madrid: Pearson.

Portellano, J. (2005). *Introducción a la neuropsicología.* España: McGraw-Hill.

Purves, D., Brannon, E., Cabeza, R., Huettel, S., LaBar, K., Platt, M.

& Woldorff, M. (2008). *Principles of Cognitive Neuroscience*. Suderland: Sinaver Associates Inc.

Rains, D. (2004). *Principios de neuropsicología humana*. México: McGraw-Hill Interamericana.

Randerath, J., Goldenberg, G., Spijkels, W., Li, Y. & Hermsdörfer, J. (2010). Different left brain regions are essential for grasping a tool compared with its subsequent use. *Neuroimage*. *53*(1), 171-180.

Rehman, A., & Al Khalili, Y. (2020). *Neuroanatomy, Occipital Lobe*. StatPearls Publishing.

Rodríguez, A., Bizcocho, J., López, J. & Salas, M. (1998). Un acercamiento al complejo sistema extrapiramidal. *Cuestiones de fisioterapia: revista universitaria de información e investigación en Fisioterapia*, (8), 15-28.

Rosenzweig, M. (2005). *Psicobiología. Una introducción a la neurociencia conductual, cognitiva y clínica*. España: Ariel.

Rothi, L., Ochipa, C. & Heilman, K. (1991). A cognitive neuropsychological model limb praxis. *Cognitive Neuropsychology, 8*, 443-458.

Rubistein, W. & Politis, D. (2005). Revisión de los patrones de alteración práxicos encontrados en diferentes tipos de demencia, sobre la base de un modelo cognitivo. *Revista Española de Neuropsicología, 7* (2), 167- 185.

Saga, Y., Hoshi, E. & Tremblay, L. (2017). Roles of Multiple Globus Pallidus Territories of Monkeys and Humans in Motivation, Cognition and Action: An Anatomical, Physiological and Pathophysiological Review. *Front Neuroanat, 30*(11), 1-12.

Scherrington, C. (1906). *The integrative action of the nervous system*. Prensa de la Universidad de Yale.

Schilling, D. & Schwartz, I. (2004). Alternative seating for young children with autism spectrum disorder: Effects on classroom behavior. *Journal of autism and Developmental Disorders, 34*(4), 423-432.

Schrager, O. (1986). Las apraxias en el infante y el niño. *Revista de logopedia, fonología y audiologia,* 6(3), 129-143.

Smania, N., Aglioti, S., Giradi, F., Tinazzi, M., Fiaschi, A. & Consentino, A. (2006). Rehabilitation of limb apraxia improves daily life activities in patients with stroke. *Neurology, 67,* 2050-2052.

Smania, N., Giraldi, F., Domenicali, C., Lora, E. & Aglioti, S. (2000). The rehabilitation of limb apraxia: A study in left-brain damaged patients. *Archives of Physical Medicine and Rehabilitation, 81,* 379-388.

Snell, S. (2007). *Neuroanatomía Clínica*. España: Editorial Panamericana

Sparrer, I., Duong, T., Ilgner, J. & Westhofen, M. (2013). Vestibular rehabilitation using the Nintendo® Wii Balance Board - a user-friendly alternative for central nervous compensation. *Acta Oto-Laryngologica, 133*(3), 239-245.

Steindl, R., Kunz, K., Schrott-Fischer, A., & Scholtz, A. (2006). Effect of age and sex on maturation of sensory systems and balance control. *Develomental Medicine & Child Neurology, 48*(6), 477-482.

Tirapu-Ustárroz J, Muñoz-Céspedes, J. (2008). Modelos de funciones y control ejecutivo. *Rev Neurol. 41,* 475-84.

Torres, M., Rodríguez, O., Nodarse, J., Crespo, M., González, F., Quesada, E. & Fernández, E. (2008). Actividades para la corrección de la apraxia constructiva en pacientes con secuelas de enfermedad cerebro vascular. *Revista de Terapia Ocupacional, 5*(2), 1-13.

Valadéz, J. (2006). *Neuroanatomía functional.* México: Ediciones Neurociencias.

Vega, J. (1999). Propioceptores articulares y musculares. *Biomecánica, 7*(13), 79-93.

Villareal, M., Fridman, E., Amengual, A., Falsco, G., Gerschcovich, E., Ulloa, E. & Laguarda, R. (2008). El sustrato neuronal del reconocimiento de gestos. *Neuropsicologia, 46*(9), 2371-2382.

Young, P. & Young, P. (2001). *Neuroanatomía clínica funcional.* Barcelona: Masson.

Zimmermann, M., Meulenbroek, R. & De Lange, F. (2012). Motor planning is facilitated by adopting an action's goal posture: An fMRI study. *Cerebral Cortex. 22,* 122-131.

CAPÍTULO 7

PROPUESTA DE UN MODELO NEUROANATÓMICO Y NEUROFISIOLÓGICO PARA LA REHABILITACIÓN DE LA APRAXIA Y LA DISPRAXIA. MODELO PAINT

En el campo de la rehabilitación existen diferentes enfoques para el tratamiento de las apraxias. En este capítulo se hace una propuesta a partir del modelo PAINT para la rehabilitación neuropsicológica. Este modelo plantea la realización de un programa integral de rehabilitación basado en la estimulación de diversos sistemas involucrados en la ejecución de las praxias. Debido a que las funciones cognitivas forman parte de sistemas funcionales complejos, es fundamental trabajar con todas las funciones implicadas para lograr una recuperación más rápida y homogénea (Castillo, 2007).

Entre los sistemas involucrados en la producción de las praxias se encuentran el sistema somatosensorial, el sistema visual, el sistema vestibular, y el sistema motor. La recuperación se apoyará en la estimulación de todos estos sistemas, tomando en cuenta los diferentes componentes de los mismos (Castillo, 2011). Un ejemplo es el sistema visual el cual es importante para las praxias, ya que permite identificar, localizar, y dirigir los movimientos para la interacción con objetos, así como la visualización del espacio que nos rodea.

Dentro de cada uno de estos sistemas existen diversos componentes, los cuales permiten la ejecución de algún aspecto en particular. En la rehabilitación de las apraxias se propone tomar en cuenta estos elementos. Por ejemplo, dentro del sistema visual existen diversos componentes como la profundidad, la distancia, el color, la forma, que en conjunto permiten la percepción de las cosas.

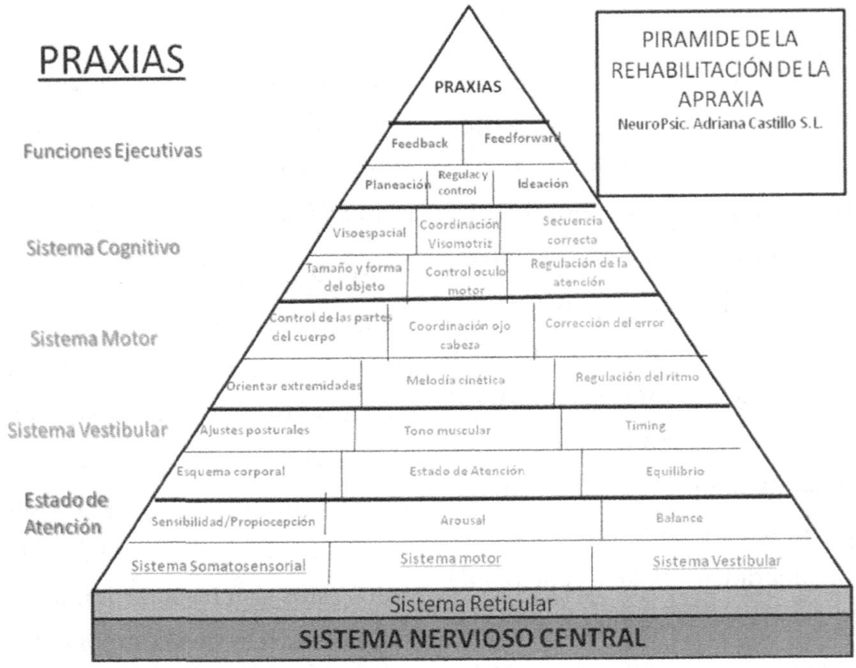

Figura 1. Pirámide de las Praxias (Castillo, 2016).

I. Sistema somatosensorial

El sistema somatosensorial procesa información táctil: dolor, tacto, temperatura, presión, textura y vibración; nos ayuda a identificar objetos del medio externo a través del contacto físico. También procesa información propioceptiva, es decir, acerca de la posición y movimiento de las partes del cuerpo mediante la estimulación de músculos, tendones, articulaciones y órganos internos (Jacobs, 2011). Esta información se procesa en la corteza parietal posterior en las áreas somatosensoriales (Castillo, 2013).

El movimiento voluntario requiere retroalimentación somatosensorial para controlar el movimiento. Durante el movimiento voluntario el sistema nervioso central está continuamente recibiendo información tanto de señales somatosensoriales derivadas de los cambios en el medio externo como de los cambios posturales del individuo (Umeda y Nishimura, 2019).

La integración de la información sensorial es crítica para el control motor y el reconocimiento de un movimiento. Por lo cual, la alteración de este sistema produce una respuesta motora inadecuada, impidiendo la realización correcta de ciertos movimientos que involucran la manipulación de objetos.

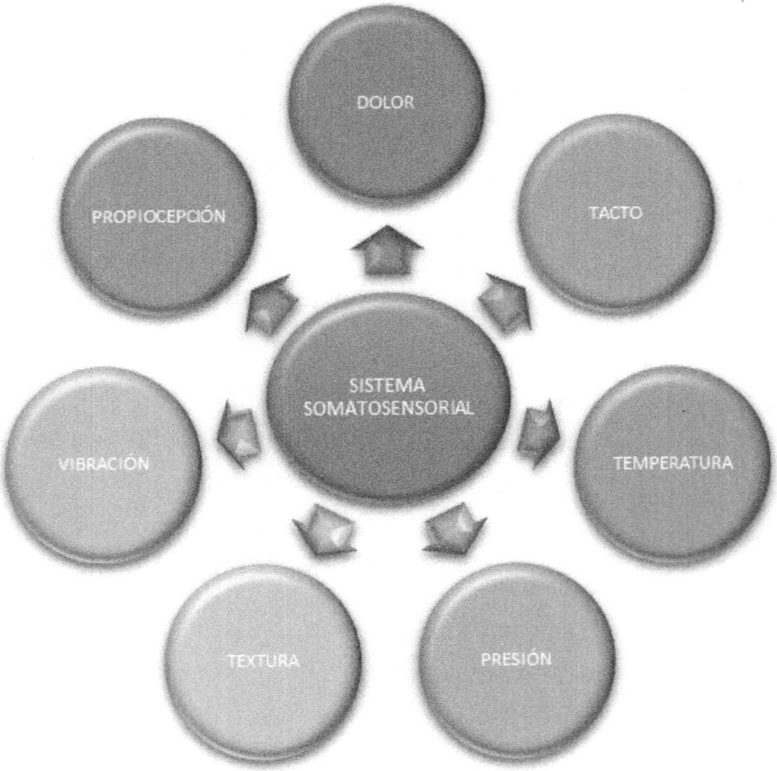

Figura 2. Componentes del sistema somatosensorial (Castillo, 2016).

ESTIMULACIÓN DEL SISTEMA SOMATOSENSORIAL Y LA PROPIOCEPCIÓN				
Funciones	**Tarea**	**Objetivo**	**Descripción**	**Materiales**
Dolor	Usar el pasamanos	Presentar estímulos dolorosos para el desarrollo del sistema somatosensorial	Colgarse del pasamanos e ir avanzando, moviendo las manos de un barrote a otro, al mismo tiempo que va pisando con los pies el costado del pasamanos	Pasamanos

ESTIMULACIÓN DEL SISTEMA SOMATOSENSORIAL Y LA PROPIOCEPCIÓN				
Funciones	**Tarea**	**Objetivo**	**Descripción**	**Materiales**
Dolor	Colgarse del trapecio	Estimular las manos	Colgarse de un trapecio al mismo tiempo que se balancea	Trapecio
Tacto	Caminando sobre texturas	Favorecer la sensibilidad y la propiocepción	Se coloca de pie al paciente sobre diversas texturas.	
Tacto	Bolsa de misterio	Favorecer la sensibilidad, la discriminación y percepción táctil	Se coloca dentro de una bolsa una serie de objetos (inicialmente objetos aleatorios y posteriormente por selección semántica: animales, frutas, figuras geométricas y juguetes).	Objetos de 4 campos semánticos: frutas, animales, figuras geométricas y juguetes. Una bolsa de misterio.
Tacto	Buscando objetos	Favorecer el reconocimiento táctil	Se invita al sujeto a sumergir las manos y/o los pies en semillas de frijoles, lentejas, etc. con la finalidad de que encuentre objetos y los identifique	Semillas (frijoles, lentejas, arroz, etc.), talco, arena, etc.
Temperatura	Trabajo con masa	Favorecer la sensibilidad y propiocepción. Tono muscular	Inicialmente se permite que la masa sea manipulada y luego se invita al individuo a formar figuras	Masa fría

ESTIMULACIÓN DEL SISTEMA SOMATOSENSORIAL Y LA PROPIOCEPCIÓN				
Funciones	**Tarea**	**Objetivo**	**Descripción**	**Materiales**
Presión	Masaje con rodillo	Favorecer la propiocepción en distintas partes del cuerpo: cara, manos, espalda, etc.	Se pasa en distintas direcciones el rodillo por el cuerpo de la persona	Rodillo
Presión	Enrollado	Favorecer la propiocepción corporal y estimulación vestibular	Se enrolla al paciente en una colchoneta, oprimiéndolo ligeramente	Colchón, colchoneta, cobija, etc.
Presión	Masaje	Favorecer el sistema somatosensorial en distintas partes del cuerpo: cara, manos, espalda, etc.	Con distintas texturas se da masaje en brazos, manos y piernas.	Muñecos de peluche
Textura	Trabajo con espuma frente al espejo	Favorecer la sensibilidad y propiocepción en distintas partes del cuerpo	Se invita al individuo a sumergir sus manos en espuma de afeitar y después a realizar figuras	Espejo, bandeja y espuma de afeitar.
Textura	Trabajo con pintura dactilar	Favorecer la sensibilidad y propiocepción	Se coloca pintura dactilar en las manos y se le permite sobre una cartulina grande esparcirla libremente	Pintura dactilar, cartulina o cartoncillo grande y toallas

ESTIMULACIÓN DEL SISTEMA SOMATOSENSORIAL Y LA PROPIOCEPCIÓN				
Funciones	**Tarea**	**Objetivo**	**Descripción**	**Materiales**
Vibración	Estimulación del cuerpo y boca	Estimular la vibración en caso de tono muscular bajo	Se le proporciona al sujeto un cepillo de dientes de vibración para meterse por sí mismo a la boca. También se puede ocupar un aparato de vibración para que se estimule pies y manos	Cepillo de dientes de vibración Aparato de masaje con vibración
Esterognosia	Manipulando objetos	Favorecer la sensibilidad, esterognosia y percepción táctil	Se presenta una caja de juguetes u objetos, se le permite explorar uno por uno. El terapeuta acompañará con el lenguaje describiendo las características de los objetos	Caja con juguetes u objetos
Propiocepción	Acomodar el equipo	Cargar el equipo y mover su cuerpo en relación con este	Mover el equipo como colchonetas de su lugar de origen a donde van a ser usadas	Colchonetas
Propiocepción	Acomodar mesas y sillas	Cargar peso para que estimulen músculos, tendones y articulaciones	El sujeto debe mover mesas y sillas en el área de trabajo con el fin de cargar, jalar, empujar y acomodar su cuerpo con relación a un objeto	Mesa, silla

ESTIMULACIÓN DEL SISTEMA SOMATOSENSORIAL Y LA PROPIOCEPCIÓN				
Funciones	**Tarea**	**Objetivo**	**Descripción**	**Materiales**
Propiocepción	Jalar una cuerda que le acerque un objeto pesado	Trabajar propiocepción	Invitar al paciente a jalar una cuerda que en el otro extremo tenga un camión lleno de juguetes	Camión con juguetes y cuerda
Propiocepción	Hacer una torre con figuras de hule espuma	Cargar, jalar y empujar, con el fin de trabajar la propiocepción	Construir una casa o un castillo, utilizando figuras de hule espuma grandes, de peso moderado	Figuras de hule espuma
Propiocepción	Carretillas	Desarrollo de los ajustes posturales y esquema corporal	Jugar carretillas, en donde la persona carga los pies de otro mientras este camina con las manos	Ninguno

ESTIMULACIÓN DE AJUSTES POSTURALES Y DEL ESQUEMA CORPORAL				
Funciones	**Tarea**	**Objetivo**	**Descripción**	**Materiales**
Ajustes posturales	Acostarse en una pelota	Trabajar ajustes posturales	Se realizan diversos ejercicios: 1. Se pone en posición de cubito ventral y se balancea hacia adelante y hacia atrás. 2. De cubito ventral se trabaja en diagonales 3. Se coloca a la persona en posición de cubito dorsal y se balancea hacia adelante y hacia atrás. 4. Se trabaja en diagonales 5. Se solicita al sujeto sentarse sobre la pelota y pide que balancee la cadera de un lado a otro. Manteniendo el resto de cuerpo sin movimiento	Pelota
Ajustes posturales	Jugar Twister	Desarrollo de las relaciones espaciales en el plano corporal, tanto en su cuerpo como en el de otro	Se plantean las reglas del juego. Inicialmente se coloca una cinta o una señal que permita al individuo identificar su derecha e izquierda. El terapeuta deberá colocarse una de tal manera que le ayude a la persona a ubicarse en relación con otro.	Juego del Twister
Ajustes posturales	Túnel	Desarrollo de los ajustes posturales	Pedir al niño que pase por un túnel gateando y bajando cadera y espalda	Túnel
Ajustes posturales	Camiseta de Lycra	Desarrollo de los ajustes posturales	Pedirle al sujeto que se pase la lycra por la cabeza hasta que salga por los pies	Lycra de dos metros en forma de tunel

ESTIMULACIÓN DE AJUSTES POSTURALES Y DEL ESQUEMA CORPORAL				
Funciones	**Tarea**	**Objetivo**	**Descripción**	**Materiales**
Ajustes posturales	Poner al sujeto en una lycra	Desarrollo de los ajustes posturales y esquema corporal	Poner al sujeto en posición incómoda encima de una lycra, procurando el movimiento y control de la cadera. Procurar que mueva las extremidades fuera de la posición incómoda.	Lycra
Esquema corporal	Pasar de una lycra a otra	Desarrollo de los ajustes posturales y esquema corporal	Pedir al paciente que pase de una lycra a otra, las cuales están a diferentes alturas, procurando el ajuste postural de todo su cuerpo	Tres lycras cuadradas
Esquema corporal	Aplicar el concepto corporal al otro (muñeco y adulto)	Desarrollo del esquema corporal	Se muestra un muñeco en el cual se identifican las partes del cuerpo: cabeza, mano, pie, pierna, boca, brazo, mano, etc.Se puede trabajar poniendo y quitando la ropa al muñeco	Muñeco
Esquema corporal	Identificar y expresar corporalmente diversos estados de ánimo	Desarrollo del esquema corporal. Identificación de emociones en otros y en sí mismo.	Inicialmente el adulto expresará las distintas emociones (enojo, alegría, tristeza, etc.) y se dirige la atención del niño hacia el gesto. Posteriormente se puede pedir a la niña imitar la emoción.Cuando el niño logre mantener mejor la atención visual será posible utilizar imágenes donde el personaje esté llorando, sonriendo, triste, etc. Frente a un espejo, terapeuta y niño, se imitarán las emociones representadas en las imágenes.	Tarjetas con personajes expresando emociones. Espejo

ESTIMULACIÓN DE AJUSTES POSTURALES Y DEL ESQUEMA CORPORAL				
Funciones	**Tarea**	**Objetivo**	**Descripción**	**Materiales**
Esquema corporal	Juego del Stop	Desarrollo de las relaciones espaciales en el plano corporal, tanto en su cuerpo como en el de otro	Se coloca un círculo en el suelo, en el centro de este se coloca otro que en medio diga la palabra STOP. Alrededor del círculo se colocan nombres de países. El juego comienza cuando alguno de los participantes declara la guerra, entonces al que se le ha declarado la guerra corre mientras que el que declaró grita STOP. Entonces este tendrá que calcular la cantidad de pasos que hay entre él y al que se pretende atacar. Ante esto la terapeuta deberá marcar un camino para que el niño calcule los pasos a dar.	Plumones o gises
Esquema corporal	Ubicación de objetos	Consolidación de las relaciones espaciales básicas en los diferentes planos y su generalización	Sentados frente a frente se concentra la atención del niño en las diferencias que existen entre la identificación D-I de un lado y del otro. Se utilizan 4 tarjetas marcadas con D/I-D/I/ dos para cada una. Se inicia mostrando manos y brazos derechos e izquierdos con apoyo en las tarjetas. Luego se incluyen diferentes objetos ubicados a cada lado. Se realizan diferentes preguntas para las que el niño debe apoyarse en el material externo para poder responder. ¿Dónde está la pelota?, ¿el peine está de mi lado…?	Tarjetas y objetos concretos

ESTIMULACIÓN DE AJUSTES POSTURALES Y DEL ESQUEMA CORPORAL				
Funciones	**Tarea**	**Objetivo**	**Descripción**	**Materiales**
Orientar extremidades	Imitar posturas con los distintos miembros del cuerpo	Desarrollo del esquema corporal	Apoyados en la señalización de la parte del cuerpo, en la ejecución de la acción y en imágenes de las partes del cuerpo es posible ir dando a conocer las funciones de las partes del cuerpo e imitar posturas.	Espejo

DESARROLLO DE LA IMAGEN CORPORAL (PLANO PERCEPTUAL)				
Función	**Tarea**	**Objetivo**	**Descripción**	**Materiales**
Imagen Corporal	Identificación de partes derechas e izquierdas en un dibujo de la figura humana	Pasar al plano perceptual de las relaciones espaciales corporales. Formación de las relaciones espaciales en una imagen humana.	Se presenta actividades en las que se debe identificar lado izquierdo y derecho de las figuras humanas.	Dibujos y colores
Imagen Corporal	Identificación de objetos ubicados a la derecha o izquierda.	Consolidación de las relaciones espaciales básicas en los diferentes planos y su generalización	Se presentan dibujos en los que solicita identificar o marcar objetos que están a la derecha o la izquierda.	Dibujos y colores

DESARROLLO DE LA IMAGEN CORPORAL (PLANO PERCEPTUAL)				
Función	**Tarea**	**Objetivo**	**Descripción**	**Materiales**
Imagen Corporal	Figura humana divida	Favorecer el análisis y síntesis perceptual. Estimular la actividad constructiva	Se presentan dibujos de la figura humana que estarán partidos o divididos en 2 o 3 partes. Inicialmente se presentará al niño la imagen modelo, de tal manera que oriente su ejecución y sea capaz de integrar las partes. El niño tendrá que unir las partes, logrado esto, las pegara sobre una hoja de papel y las compara con el modelo presentado. Paulatinamente se disminuirá la ayuda del modelo.	Figuras humanas divididas, resistol.

MANEJO VISOESPACIAL (Castillo, A., 2013)				
Funciones	**Tarea**	**Objetivo**	**Descripción**	**Materiales**
Manejo visoespacial	Identificación de figuras geométricas en un conjunto de opciones	Favorecer el análisis perceptual (primera dimensión)	Se presenta la figura modelo, el niño buscará la imagen que sea igual en una serie de 3 opciones. Posteriormente se puede dificultar colocando de dos a tres figuras encimadas las cuales, inicialmente serán marcadas con colores distintos y buscadas entre una serie de opciones.	Dibujos, colores y lápiz
Manejo visoespacial	Figuras ensambladas	Favorecer el análisis y síntesis perceptual (primera dimensión)	Se presenta un dibujo (pino) que esté formado o dibujado a través de pinos. El niño tendrá que marcar con un color el contorno del pino u objeto mayor. Posteriormente seguirá las líneas para ir marcando de distinto color cada uno de los objetos encontrados en dicho dibujo (marcar con distinto color cada pino). Al tiempo que estos van siendo marcados, es importante que se vayan numerando para que al fin se tenga el total de objetos (pinos) que forman al objeto (pino).	Dibujos ensamblados, colores

MANEJO VISOESPACIAL (Castillo, A., 2013)				
Funciones	**Tarea**	**Objetivo**	**Descripción**	**Materiales**
Manejo visoespacial	Formar objetos con figuras geométricas	Favorecer la integración de la imagen global Desarrollo de la actividad gráfica Favorecer la espontaneidad del pensamiento	Se dibuja ante el niño, inicialmente solo dos figuras geométricas (dos círculos, un círculo y un triángulo, dos cuadrados, etc.) y se le pide que imagine qué figura se podría formar con ayuda de estas figuras. En esta actividad es posible generar un juego de competencia. Se propondrá que en un minuto forme la mayor cantidad de dibujos que pueda imaginar.	Hojas y lápices

MANEJO VISOESPACIAL (Castillo, A., 2013)				
Funciones	**Tarea**	**Objetivo**	**Descripción**	**Materiales**
Manejo visoespacial	Construcción de figuras: plano material y perceptual	Favorecer la síntesis perceptual Estimular la actividad constructiva	Se presenta gráficamente una lámina con una figura dividida (Ej: círculo con línea en medio). Dicha figura también se presenta de manera material (papel o cartón) cortada por sus líneas divisorias. El niño tendrá que armar la figura de acuerdo con el modelo presentado. Inicialmente, la terapeuta dará todas las ayudas necesarias para que el niño logre y comprenda la tarea. Las figuras pueden ir incrementado de complejidad, según avance el niño.Posteriormente, se dificulta la tarea pasándose al plano perceptivo. En este el niño unirá las piezas a través de flechas.	Figuras de cartón divididas, papel y resistol
Manejo visoespacial	Juego de construcción con bloques	Favorecer el análisis y síntesis perceptual (tercera dimensión)Estimular la actividad constructiva	Se presentan tarjetas modelo de distinta complejidad y nueve bloques que permitirán formar torres o construcciones, las cuales podrán contener desde 3 bloques hasta los 9 bloques.	Juego

Tabla 1. Propuesta de ejercicios para la rehabilitación del sistema somatosensorial, esquema corporal y habilidades visoespaciales (Castillo, 2016).

II. Sistema vestibular

El sistema vestibular consta de órganos otolíticos (utrículo y sáculo) y canales semicirculares (anterior, posterior y lateral), ubicados en el oído interno, los cuales responden a aceleraciones lineales, y a aceleraciones angulares (Urbina *et al.*, s.f.).

El sistema vestibular coordina la información proveniente de varios sistemas sensoriales, la cual se integra a nivel central con información propioceptiva y visual para establecer esquemas de la posición y la dinámica de los desplazamientos del cuerpo (Urbina *et al.*, s.f.). El sistema vestibular se encuentra involucrado en la realización de ajustes posturales, la percepción del propio movimiento, la verticalidad dentro del campo gravitacional tridimensional (Dieterich y Brandt, 2018), la posición de la cabeza con respecto a la gravedad y la detección de cambios en el movimiento de esta (Castillo, 2007), así como la determinación de la velocidad y dirección de dichos movimientos (Urbina *et al.*, s.f.). Además, el sistema vestibular se encuentra estrechamente relacionado con la propiocepción, ya que proporciona información sensorial para una adecuada respuesta motora que permite ajustar la mirada, orientar el cuerpo en el espacio, y mantener el equilibrio y el control motor (Dieterich y Brandt, 2018).

Se ha propuesto que el sistema vestibular contribuye a funciones cognitivas como memoria espacial, orientación y navegación En la orientación espacial el sistema vestibular contribuye de forma diferencial dependiendo de si el sujeto se mueve o no, a través de la estimulación de los otolitos y canales semicirculares. Además, se ha encontrado en pacientes con derrame cerebral que presentan daño en la unión temporoparietal, un deterioro en la orientación espacial del cuerpo contralesional en comparación con el cuerpo ipsilesional, y subestimación en la distancia y duración del movimiento (Dieterich y Brandt, 2018). En cuanto a la navegación espacial, para esta se requiere una representación continua de la ubicación y el movimiento del individuo dentro de un entorno tridimensional, cuyas coordenadas son proporcionadas principalmente por pistas vestibulares y visuales. (Dieterich y Brandt, 2018).

DESARROLLO DEL SISTEMA VESTIBULAR				
Funciones	**Tarea**	**Objetivo**	**Descripción**	**Materiales**
Vestibular	Rampas	Estimulación del sistema vestibular	Subir y bajar rampas caminando. Subir y bajar rampas acostado boca abajo en una patineta	Rampa, patineta
Vestibular	Recoger pelotas	Estimulación del sistema vestibular	Recoger pelotas procurando el movimiento de la cabeza hacia arriba y abajo	Pelotas
Vestibular vertical	Brincar en un brincolín	Estimulación del sistema vestibular vertical	Brincar en un brincolín, ya sea sentado o parado	Brincolín
Vestibular	Mecer en hamaca	Estimulación del sistema vestibular	Mecer al niño en hamaca, mientras recoge aros, saquitos. Realizarlo acostado boca abajo, sentado, parado	Hamaca
Vestibular	Mecer en llanta	Estimulación del sistema vestibular	Mecer al niño en llanta, mientras recoge aros, saquitos. Realizarlo acostado boca abajo, sentado, parado	Llanta

DESARROLLO DEL SISTEMA VESTIBULAR				
Funciones	**Tarea**	**Objetivo**	**Descripción**	**Materiales**
Vestibular	Mecer en pelota	Estimulación del sistema vestibular	Mecer al niño en pelota mientras golpea un globo. Realizarlo acostado boca abajo, sentado, parado	Pelota grande
Vestibular	Mecer en columpio	Estimulación del sistema vestibular	Mecer al chico en el columpio.Realizarlo acostado boca abajo, boca arriba, sentado, parado. Puede pedírsele que rompa burbujas con un dedo mientras se realiza la actividad	Columpio, burbujas
Vestibular	Balancín	Estimulación del sistema vestibular	Se invita a la niña a subir al balancín y tirar dardos a un blanco	Balancín, blanco de dardos
Vestibular	Rebotar sobre una pelota	Estimulación del sistema vestibular vertical	Sentar al niño sobre una pelota grande y mientras rebota sobre ella el terapeuta estabiliza el movimiento de la cadera	Pelota grande
Vestibular	Saltos de rana	Estimulación del sistema vestibular	Saltar en posición de rana con una pelota en las manos, avanzar cierta distancia y meter la pelota en un bote	Pelota
Vestibular	Saltar en un pie	Estimulación del equilibrio	Ir saltando en un pie con una pelota en las manos hasta un bote y meterla dentro. Regresar caminando y después ir con el otro pie	Pelota

DESARROLLO DEL SISTEMA VESTIBULAR				
Funciones	**Tarea**	**Objetivo**	**Descripción**	**Materiales**
Vestibular	Brincar y lanzar	Estimulación del sistema vestibular vertical	Brincar sobre un brincolín mientras lanza pelotas en un bote	Pelotas pequeñas, brincolín
Vestibular	Avanzar con las cuatro extremidades	Estimulación del sistema vestibular horizonta-lEstimulación de la posición de la cabeza con respecto a los cambios del movimiento	Colocarse sobre las extremidades y avanzar con las manos y piernas hasta cierto punto	
Vestibular	Pasar sobre cojines	Estimulación del equilibrio	Colocar cojines en fila separados uno de otro por los cuales debe pasar sin caerse de ellos	Cojines

Tabla 2. Propuesta de ejercicios para la rehabilitación del sistema vestibular (Castillo, 2018).

III. Sistema visual

La vista es el sentido que nos proporciona información sobre el ambiente que nos rodea, y, el sistema visual se encarga de recibir, procesar e interpretar la información proveniente de los ojos, a partir de esta crea una representación visual del entorno. La percepción visual se logra a partir de la integración de información proveniente del sentido de la vista y de otras modalidades. Esta información se procesa en el lóbulo occipital junto con otras áreas cerebrales. En el caso de la vía ventral, encargada de la identificación y reconocimiento de objetos, se encuentran involucradas la región occipitotemporal, temporal anterior y la corteza prefrontal ventrolateral. La vía dorsal, encargada de la localización de objetos, comprende la región occipitoparietal, el lóbulo parietal inferior y la corteza prefrontal dorsolateral (Kravitz *et al.*, 2011).

El sistema visual se encarga de proporcionar información acerca de los objetos distantes y permite a los individuos evaluar las propiedades intrínsecas -tamaño, color, textura- y extrínsecas -posición, velocidad- de los mismos, sin la necesidad de manipularlos directamente (Coello, 2005); ayuda a guiar los movimientos para la interacción con objetos y proporciona información sobre la posición del cuerpo con respecto a los mismos. Algunos de los componentes involucrados en la percepción visual son la atención y la búsqueda visual, la detección de profundidad y distancia, la percepción de los bordes o contornos, la coordinación visomotora y las habilidades visoespaciales. La alteración en alguno de estos componentes produce dificultades, por ejemplo, la deficiencia en la coordinación visomotora genera dificultades para atrapar o lanzar objetos como una pelota. La alteración en el procesamiento visual dificulta la interacción del niño con el entorno, ya que se pueden ver afectadas varias habilidades como leer, escribir, jugar con otros niños, realizar actividades deportivas, etc. A pesar de que hay una gran cantidad de información disponible a cualquier hora en la entrada visual, la forma en que esta se selecciona y se usa depende del propósito de la conducta (Coello, 2005).

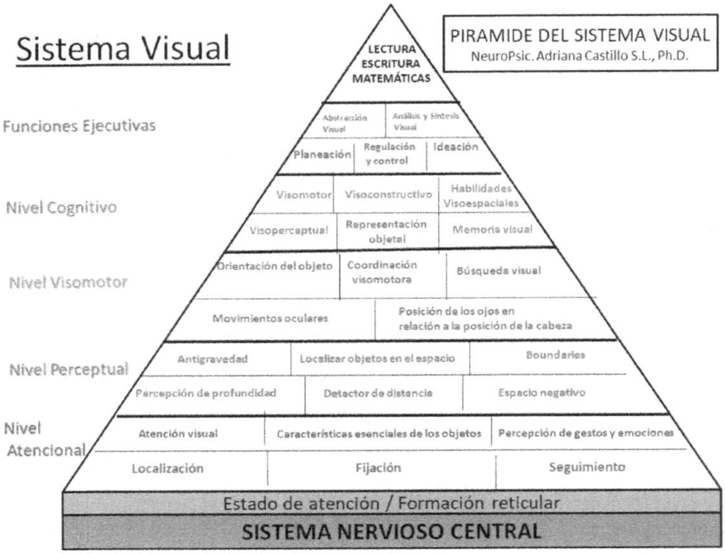

Figura 3. Pirámide del sistema visual (Castillo, 2019a).

ESTIMULACIÓN DE LA PERCEPCIÓN VISUAL				
Función	**Tarea**	**Objetivo**	**Descripción**	**Materiales**
Fijación visual	Balanceo en una pelota grande	Buscar la coordinación del movimiento del cuerpo con el de los ojos. Favorecer el control del movimiento ocular	Sentar a la persona en el columpio sentado frente al espejo. Si es posible solicitar que se mire y no pierda de vista sus ojos	Pelota grande

ESTIMULACIÓN DE LA PERCEPCIÓN VISUAL				
Función	**Tarea**	**Objetivo**	**Descripción**	**Materiales**
Fijación	Fijar la mirada en una burbuja	Favorecer la fijación visual	Se pide al sujeto fijar la mirada en una burbuja mientras se va haciendo cada vez más grande y la persona está sentada en una pelota o parada en un balancín	Burbujas, balancín, pelota grande
Seguimiento visual.	Seguir el movi-miento de objetos	Favorecer la fuerza de los músculos oculares Favorecer el control del movimiento ocular	Se presentan objetos vistosos a una distancia de 30 centímetros de los ojos y se pide a la persona que los siga sin mover la cabeza ni el cuerpo. Se desplaza un obje-to de izquierda a derecha, de arriba abajo, en círculos y en diagonales.	Objetos vistosos: moño dorado, lápiz con un muñeco vistoso, etc.
Atención visual	Buscar peluches	Favorecer la atención visual y encontrar un objeto dentro de muchos	Buscar el pin-güino papá y al pingüino bebé en la alberca de pelotas	Alberca de pelotas con peluches

ESTIMULACIÓN DE LA PERCEPCIÓN VISUAL				
Función	**Tarea**	**Objetivo**	**Descripción**	**Materiales**
Atención Visual	Buscar una pelota de tela determinada	Atención visual y encontrar un objeto dentro de muchos	Buscar la pelota de tela en la alberca de pelotas	Alberca de pelotas con peluches
Características esenciales de los objetos	Búsqueda de peluches	Aprender a diferenciar las características que diferencian a un animal de otro	Se le pedirá al paciente que busque el león, el tigre y el leopardo en la alberca de pelotas, y se hará énfasis en la diferencia que existe entre ellos	Alberca de pelota con peluches
Características esenciales de los objetos	Búsqueda de letras	Aprender a diferenciar las características que diferencian una letra de otra	Se le pedirá al paciente que encuentre diferentes letras en un recipiente con letras de plástico, y se hará énfasis en la diferencia que existe entre ellas	Recipiente con letras de plástico
Reconocimiento visual de emociones y gestos	Identificación de caras	Desarrollo de la identificación de rostros.Desarrollo de percepción de emociones	Mostrar imágenes de caras y debe elegir la opción correcta sobre el estado de ánimo en el que se encuentra la persona	Reconocimiento visual de emociones y gestos

ESTIMULACIÓN DE LA PERCEPCIÓN VISUAL				
Función	**Tarea**	**Objetivo**	**Descripción**	**Materiales**
Percepción de profundidad	Pelota de equilibrio	Buscar la coordinación del movimiento del cuerpo con el de los ojos. Favorecer el control del movimiento ocular	Se coloca a la niña frente al espejo sentado en una pelota, se le invita a aventar pelotas, a recipientes específicos que tengan diferente profundidad Pelota grande de equilibrio.	Pelotas pequeñas, dardos, aros pequeños
Percepción de profundidad	Encestar pelotas en canastas	Favorecer la percepción de profundidad	Se ofrece una caja de pelotas, las cuales deberán ser encestadas en una canasta. El terapeuta inicialmente podrá dirigir el movimiento	Caja de pelotas, canasta
Detector de distancia	Juego con boliche	Favorecer la coordinación ojo-mano	Se invita a la persona a jugar boliche lanzando una pelota sobre los pinos.	Juego de Boliche
Detector de distancia	Tiro al blanco	Desarrollar la habilidad para detectar la distancia de los objetos	La persona debe aventar dardos al tiro al blanco modificando la distancia a la que se encuentra	Tiro al blanco
Espacio negativo	Colocar objetos en un cuarto vacío	Estimular el manejo espacial de un espacio vacío	Pedir al sujeto que coloque diferentes objetos en un cuarto vacío hasta acomodarlos en ciertos lugares	Pelotas, sacos grandes, sillas pequeñas de plástico

ESTIMULACIÓN DE LA PERCEPCIÓN VISUAL				
Función	**Tarea**	**Objetivo**	**Descripción**	**Materiales**
Antigravedad	Lycra	Desarrollar los músculos antigravi-ta-cionales	Se le pide al sujeto que se acues-te boca abajo (decúbito ventral) en una hamaca extendiendo manos y piernas, mientras recoge pelotas, con el fin de estimular los músculos del cue-llo y la espalda	Hamaca, pelotas
Localizar objetos en el espacio	Búsqueda de tesoro	Favorecer la localización de objetos en una habita-ción	Se le pide al su-jeto que localice, difentes objetos, como dónde está el cuaderno rojo, el cojín amarillo, la pluma verde, etc.	Diferentes artículos dentro de una habita-ción
Boundaries	Controlar pelota	Desarrollar la capacidad de conocer los límites de los objetos	El sujeto debe patear una pelota sin chocar con los muebles dentro de una habitación	Pelota
Boundaries	Caminar o correr entre sillas	Favorecer el desarrollo de límites de un objeto.	Se le pide al pa-ciente que camine o corra entre sillas	Sillas
Movimientos oculares	Romper burbujas	Estimular el movimiento de los ojos en diferentes posiciones	Se pide al sujeto que rompa burbu-jas favoreciendo el movimiento vertical, horizon-tal y diagonal de los ojos	Burbujas

ESTIMULACIÓN DE LA PERCEPCIÓN VISUAL				
Función	**Tarea**	**Objetivo**	**Descripción**	**Materiales**
Movimientos oculares	Agarrar pelotas	Estimular el movimiento de los ojos en diferentes posiciones	Se pide al sujeto que agarre pelotas mientras está sentado o parado en una pelota o un balancín, favoreciendo el movimiento vertical, horizontal y diagonal de los ojos	Pelotas, balancín
Orientación del objeto	Colocar pinzas	Favorecer el manejo espacial.	Se propone formar secuencias con pinzas sobre un tendedero, sombrero o canasto	Pinzas, sombrero, canasta, tendedero, etc.
Orientación del objeto	Posición de objetos	Favorecer el manejo espacial	Colocar un objeto encima, debajo, al lado, enfrente, atrás de una mesa	Mesa, un cuaderno
Búsqueda visual	Clasificación por colores	Favorecer la percepción visual Discriminar colores	Se proporcionan pelotas o juguetes de distintos colores, principalmente los colores básicos: rojo, amarillo, verde y azul. Se invita a detectarlos por color en cajas o bolsas	Objetos de cuatro colores diferentes.
Búsqueda visual	Clasificación de objetos por forma	Favorecer la percepción y discriminación visual	Se dan objetos que sean redondos, cuadrados, triangulares, etc. Se invita a la persona a separar por forma	Objetos de distintas formas

ESTIMULACIÓN DE LA PERCEPCIÓN VISUAL				
Función	**Tarea**	**Objetivo**	**Descripción**	**Materiales**
Búsqueda visual	Juego de pulgas	Favorecer la coordinación ojo-mano	Se explica que tendrá que obtener la mayor cantidad de pulgas posibles de un color determinado	Juego de Pulgas
Seguimiento visual	Trata de mantener un globo en el aire	Favorecer el seguimiento mano-ojos Coordinación motora	Se avienta el globo al aire y se invita a la niña a pegarle para mantenerlo en el aire	Globos de colores brillantes inflados
Seguimiento visual	Aventar y cachar pelota	Favorecer el seguimiento y el control ocular Desarrollar la coordinación ojo-mano	Se coloca el evaluador frente a la persona, se le avienta la pelota y se le solicita que no pierda de vista la pelota y que trate de atrapar solo con las manos Posteriormente se manda la pelota con diferentes direcciones para que el paciente la siga con la vista y la atrape con las manos	Pelota inflada y pelota con agua
Memoria visual	Ensartado de cuentas	Desarrollo del control del movimiento fino Seguimiento de secuencias concretas	Se dan a la persona secuencias de cuentas que irá ensartando en una secuencia que deberá recordar de memoria	Cuentas de colores y agujetas

ESTIMULACIÓN DE LA PERCEPCIÓN VISUAL				
Función	**Tarea**	**Objetivo**	**Descripción**	**Materiales**
Habilidad viso-constructiva	Juego con lego	Desarrollar la actividad constructiva	Se invita a la niña a construir formas con las figuras de lego. Es posible mostrar modelos para que el niño los reproduzca	Material lego

Tabla 3. Propuesta de ejercicios para la rehabilitación del sistema visual (Castillo, 2019a, 2020).

IV. Sistema motor

El sistema motor comprende elementos periféricos como los músculos, los tendones y las articulaciones, y estructuras centrales tanto corticales como subcorticales entre las que se encuentran la corteza motora primaria, la corteza premotora, el cerebelo y los núcleos de la base (Castillo, 2007).

El sistema motor se encarga de la producción de movimientos, los cuales pueden ser voluntarios o reflejos. Para que se produzca un movimiento se requiere un conjunto de órdenes para que ciertos músculos se contraigan de una forma determinada. La producción de movimientos requiere información de los sistemas sensoriales como la audición, la visión y la estimulación táctil y propioceptiva. En conjunto, estos nos brindan información acerca de los objetos en el espacio y nuestro cuerpo con respecto a los mismos. Además de la información sensorial, el sistema motor requiere de procesos cognitivos que guíen la elección de una respuesta motora adecuada, es decir, necesita saber el objetivo del movimiento para planificarlo y producir ajustes del mismo.

La salida motora ejercida por este sistema puede presentarse a través de movimientos voluntarios que conllevan una melodía, por ejemplo, botar una pelota contra el suelo debe llevar un ritmo y el movimiento será el mismo cada vez que bota la pelota. También, puede manifestarse a través de movimientos voluntarios dirigidos a un propósito determinado como las praxias, por ejemplo, al amarrarse las agujetas la posición de los dedos de la mano debe ajustarse para hacer los movimientos que permitan la producción del nudo. Por lo tanto, la alteración en el sistema motor puede producir dificultad tanto en movimientos asociados a la interacción con objetos como en la producción de movimientos coordinados.

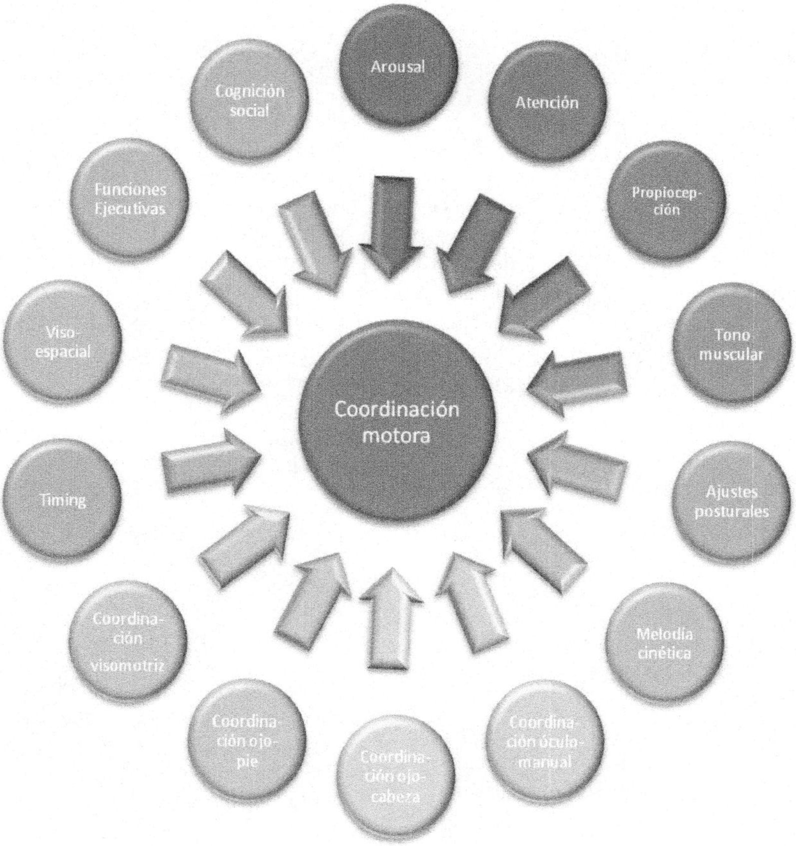

Figura 4. Componentes del control motor (Castillo, 2019b).

Función	Tarea	Objetivo	Descripción	Materiales
Arousal	Rebotando sobre pelota con ayuda	Favorecer la activación del niño Vestibular vertical	El terapeuta sienta al niño sobre una pelota de plástico y se le pide que rebote sobre ella al mismo tiempo que el terapeuta estabiliza la cadera del niño sujetándosela	Pelota grande de plástico

Función	Tarea	Objetivo	Descripción	Materiales
Arousal	Rebotando sobre pelota con mango con ayuda	Favorecer la activación del niño Vestibular vertical Favorece el control postural	El terapeuta sienta al niño sobre una pelota de plástico con mango y se le pide que se sostenga del mango mientras rebota sobre ella al mismo tiempo que el terapeuta estabiliza la cadera del niño sujetándosela	Pelota grande de plástico con mango
Arousal	Saltando sobre pelota de plástico sin ayuda	Favorecer la activación del niño Vestibular vertical Favorece el control postural Se favorece la intención de saltar Se favorece la propiocepción al momento que cae	Se coloca una pelota de plástico con mango en una esquina y el terapeuta sienta al niño sobre ella. Después se le pide al niño que se sostenga del mango y que rebote sin ayuda Si el niño cae esto también favorecerá el alertamiento, sin embargo, se debe procurar que caiga sobre una colchoneta para cuidar su bienestar	Pelota grande de plástico con un mango

Función	Tarea	Objetivo	Descripción	Materiales
Arousal	Saltando sobre la pelota sin ayuda	Favorecer la activación del niño Vestibular vertical Favorece el control postural. Se favorece la intención del niño a que salte Favorece la estimulación de articulaciones de cadera, rodillas y tobillos que a su vez favorece la propiocepción	Se coloca una pelota de plástico en una esquina y se le pide al niño que brinque parado mientras el terapeuta sostiene la pelota con sus piernas y la cadera del niño Si el niño cae esto también favorecerá el alertamiento, sin embargo, se debe procurar que caiga sobre una colchoneta para cuidar su bienestar	Pelota grande de plástico
Arousal	Brincando en el trampolín conjuntamente	Favorecer la activación del niño Vestibular vertical Favorece el control posturalSe favorece la acción voluntaria Se favorece la propiocepción al momento de sostenerlo	El terapeuta se sube junto con el niño al brincolín y saltan conjuntamente mientras el terapeuta lo sostiene por debajo de las axilas con sus manos, y sostiene su cadera con sus pies	Brincolín
Arousal	Brincando en el trampolín individualmente	Favorecer la activación del niño Vestibular vertical Favorece el control postural. Se favorece la intención de saltar	Se le pide al niño que se suba al trampolín y comience a saltar por sí mismo	Brincolín

Función	Tarea	Objetivo	Descripción	Materiales
Atención	Burbujas en el pompero	Favorece atención visual	El terapeuta forma una burbuja sin dejar que se separe del pompero y la mantiene así durante algunos segundos mientras el paciente mantiene la atención sobre ella	Burbujas de jabón con pompero
Atención	Burbujas sueltas	Favorece atención visual	El terapeuta forma una burbuja grande y la suelta al aire mientras le pide al niño que la siga con la vista	Burbujas de jabón
Atención	Rompiendo burbujas	Favorece atención visual Favorece la coordinación óculo-manual	El terapeuta forma una burbuja grande y la suelta al aire mientras el niño la sigue con la vista y la rompe al final	Burbujas
Atención	Lanzando pelotas	Favorece la atención visual	El terapeuta se sienta enfrente del niño y le lanza una pelota sobre el piso en diferentes direcciones y se debe seguir con la mirada	Pelota de plástico
Atención	Tiro al blanco	Favorece atención visual Favorece la intención	El terapeuta le pide al niño que lance unos dardos magnéticos hacia un tablero de tiro al blanco	Tablero de tiro al blanco
Propiocepción	Changuera	Favorece la sensibilidad	Se le pide a la persona que suba y baje los escalones	Pasamanos

Función	Tarea	Objetivo	Descripción	Materiales
Propiocepción	Saltando hacia un colchón	Se favorece la sensibilidad Se favorece la propiocepción	Se le indica que de un salto desde una altura de 40 centímetros hacia un colchón o almohadón	Colchón o almohadón
Propiocepción	Del trapecio al colchón	Se favorece la sensibilidad Se favorece la propiocepción	Se le pide que se sujete de un trapecio y se impulse para saltar y caer sobre un colchón.	Colchón o almohadón grande
Propiocepción	Del trapecio a la alberca de pelotas	Se favorece la sensibilidad Se favorece la propiocepción	Se le pide que se sujete de un trapecio y se impulse para saltar y caer sobre una alberca de pelotas	Alberca de pelotas
Propiocepción	Atravesando la Changuera con apoyo	Se favorece la sensibilidad Se favorece la propiocepción	Se le pide al individuo que cruce el pasamanos apoyando sus pies sobre la telaraña para que le dé soporte	Changuera
Propiocepción	Atravesando la changuera sin apoyo	Se favorece la sensibilidad Se favorece la propiocepción	Se le pide al sujeto que cruce el pasamanos de la changuera sin apoyar sus pies	Changuera
Propiocepción	Enrollado	Favorecer la propiocepción corporal y estimulación vestibular	Se enrolla al individuo en un colchón, colchoneta o cobija grande, oprimiéndolo ligeramente y luego rodarlo por una colchoneta hasta desenrollarse	Colchón, colchoneta, cobija, etc.

Función	Tarea	Objetivo	Descripción	Materiales
Tono muscular	Crioterapia	Favorecer el tono muscular en segmentos hipotónicos	Se masajean suavemente los músculos hipotónicos con un pedazo de hielo	Vaso de unicel con hielo
Tono muscular	Subirse a barrotes	Favorecer el tono muscular	Subirse a barrotes para estimular nociceptivamente las plantas de los pies	Barrotes
Tono muscular	Brincolín	Favorecer el tono muscular con vestibular vertical	Se pide al sujeto que brinque con piernas cerradas, abriendo y cerrando piernas, adelante y atrás	Brincolín
Tono muscular	Quemados	Favorecer el estado de alerta Favorecer el seguimiento y el control ocular Favorecer la fuerza en manos y brazos Desarrollar la coordinación óculo-manual	Se coloca el evaluador frente al sujeto, se le avienta la pelota y se le solicita que trate de atraparla solo con las manos. La pelota con diferentes direcciones para que el niño la siga con la vista y la atrape con las manos Al inicio es importante guiar el movimiento de las manos	Pelota con agua
Tono muscular	Barra de equilibrio	Favorece el tono muscular	Se le pide a la persona que camine sobre una barra de equilibrio	Barra de equilibrio
Tono muscular	Vibración en manos y pies	Favorece el tono muscular	Se coloca sobre el individuo un aparato vibratorio en los pies y las manos	Aparato vibratorio

Función	Tarea	Objetivo	Descripción	Materiales
Ajustes posturales	Pelota Ajustes posturales	Estimular el sistema vestibular Favorecer el desarrollo de la propiocepción	Se solicita al sujeto sentarse sobre la pelota y se le pide que balancee la cadera de un lado a otro. Al mismo tiempo el terapeuta se sienta detrás de él y sostiene con sus codos la cadera, con sus manos las rodillas y con sus pies los tobillos del menor	Pelota grande
Ajustes posturales	Pelota Ajustes posturales	Estimular el sistema vestibular. Favorecer el desarrollo de la propiocepción.	Se coloca al paciente en posición de cubito ventral y se balancea hacia adelante y hacia atrás. Se le indica que presione la pelota con las manos cuando se balancee hacia delante y con los pies mientras se balancea hacia atrás.	Pelota grande.
Ajustes posturales	Juego del Twister	Desarrollo de las relaciones espaciales en el plano corporal, tanto en su cuerpo como en el de otro	El terapeuta deberá colocarse de tal manera que le ayude al sujeto a ubicarse con relación a otro	Juego del Twister

Función	Tarea	Objetivo	Descripción	Materiales
Ajustes posturales	Túnel	Desarrollo de los ajustes posturales	Pedir al niño que pase por un túnel gateando. Después se le pide que haga lo mismo, pero bajando la cadera	Túnel hecho con una caja de cartón o de tela
Ajustes posturales	Camiseta de Lycra	Desarrollo de los ajustes posturales	Pedirle al individuo que se pase la lycra por la cabeza hasta que salga por los pies	Lycra de dos metros en forma de túnel
Ajustes posturales	Colocar al sujeto en una lycra	Desarrollo de los ajustes posturales y esquema corporal	Poner al sujeto en posición incómoda encima de una lycra, procurando el movimiento y control de la cadera Procurar que mueva las extremidades fuera de la posición incómoda	Lycra
Ajustes posturales	Pasar de una lycra a otra	Desarrollo de los ajustes posturales y esquema corporal	Pedir al individuo que pase de una lycra a otra, las cuales están a diferentes alturas, procurando el ajuste postural de todo su cuerpo	Tres lycras cuadradas
Ajustes posturales	Posiciones incómodas	Desarrollo de los ajustes posturales	Se les pone en posiciones incómodas sobre la lycra	Lycra
Melodía cinética	Brincando como conejitos	Melodía cinética Secuencia de movimientos	Brincar de un cojín a otro con un solo pie, con el otro pie, de conejito con los pies juntos	Cojines

Función	Tarea	Objetivo	Descripción	Materiales
Melodía cinética	Patineta	Coordinación motora gruesa.Melodía cinética	Andar en patineta subiendo el pie derecho e impulsándose con el izquierdo, cambiar de pies	Patineta
Melodía cinética	Hacia atrás	Melodía cinética Secuencia de movimientos	Arrastrarse hacia atrás con los pies y manos sobre el piso, sobre una superficie plana y sobre cojines y colchonetas	Cojines y colchonetas
Melodía cinética	Pegar al globo	Favorecer el seguimiento y control ocular Desarrollar coordinación óculo-manual Favorecer la regulación del acto motor Estimular la melodía cinética Favorecer la organización secuencial de los movimientos Atención visual	Se le pide al sujeto que aviente el globo hacia arriba y que no lo deje caer, realizando las siguientes instrucciones por el tiempo que se le indique para cada cambio y siguiendo el trayecto del globo: 1. Pegar con mano derecha 2. Pegar con mano izquierda 3. Alternar ambas manos 4. Pegar con rodilla derecha 5. Pegar con rodilla izquierda 6. Alternar ambas rodillas 7. Alternar mano y rodilla derechas 8. Alternar mano y rodilla izquierdas	Globos
Coordinación óculo-manual	Figuras de plástico entre semillas	Se favorece la coordinación Óculo-manual	Se le pide al sujeto que saque figuras de plástico de entre semillas pequeñas	Pequeñas figuras de plástico, recipiente grande con semillas

Función	Tarea	Objetivo	Descripción	Materiales
Coordinación óculo-manual	Colocando pulgas dentro de una botella de plástico	Se favorece la coordinación óculo-manual	Se le pide al paciente que tome las pulgas de un color determinado con una pinza y las vaya metiendo a una botella de plástico	Juego de Pulgas
Coordinación óculo-manual	Pegatinas	Se favorece la coordinación óculo-manual Se favorece la atención visual	Se le pide al individuo que despegue pegatinas de diferentes formas y tamaños y después que las pegué en el lugar que le corresponda	Libro de pegatinas
Coordinación óculo-manual	Pijas de colores	Se favorece la coordinación óculo-manual Se favorece la atención visual	Se le pide al sujeto que coloque pijas de distintos colores sobre un tablero calado con la finalidad de formar distintas figuras	Tablero calado y pijas de colores
Coordinación ojo-cabeza	Lanzando globo con la mano derecha	Favorece la coordinación ojo-cabeza	El terapeuta le pide al sujeto que golpeé un globo con la cabeza y con la mano derecha sin dejarlo caer	Globo
Coordinación ojo-cabeza	Lanzando globo con la mano izquierda	Favorece la coordinación ojo-cabeza	El terapeuta le pide al sujeto que golpeé un globo con la cabeza y la mano izquierda sin dejarlo caer	Globo

Función	Tarea	Objetivo	Descripción	Materiales
Coordinación ojo-cabeza	Lanzando globo con la mano derecha e izquierda	Favorece la coordinación ojo-cabeza	El terapeuta le pide al paciente que golpeé un globo con la cabeza y alternando con la mano derecha y la mano izquierda sin dejarlo caer	Globo
Coordinación ojo-cabeza	Lanzando globo sobre un balancín con mano derecha	Favorece la coordinación ojo-cabeza	Golpear un globo con la cabeza y la mano derecha sin dejarlo caer parado sobre un balancín	Globo
Coordinación ojo-cabeza	Lanzando globo sobre un balancín con mano izquierda	Favorece la coordinación ojo-cabeza	El terapeuta le pide al paciente que golpeé un globo con la cabeza y la mano izquierda sin dejarlo caer mientras se encuentra parado sobre un balancín	Globo

Función	Tarea	Objetivo	Descripción	Materiales
Coordinación ojo-pie	Moviendo una pelota con los pies	Se favorece la coordinación ojo-pie	1.Se le pide al sujeto que se siente y se coloca una pelota frente a él que tendrá que mover con el pie derecho de forma vertical, horizontal, diagonal, en círculos 2. Se le pide al sujeto que se siente y se coloca una pelota frente a él que tendrá que mover con el pie izquierdo de forma vertical, horizontal, diagonal, en círculos	Pelota de plástico
Coordinación ojo-pie	Pateando una pelota con guía	Se favorece la coordinación ojo-pie	1.Se le indica al sujeto que patee una pelota con el pie derecho mientras el terapeuta lo guía de la mano 2. Se le indica al sujeto que patee una pelota con el pie izquierdo	Pelota de plástico
Coordinación ojo-pie	Pateando un globo sentado	Se favorece la coordinación ojo-pie	Patear un globo hacia arriba con el pie derecho mientras está sentado	Globo

Función	Tarea	Objetivo	Descripción	Materiales
Coordinación ojo-pie	Pateando un globo parado	Se favorece la coordinación ojo-pie	1. Patear un globo hacia arriba con el pie derecho mientras permanece parado 2. Patear un globo hacia arriba con el pie izquierdo 3. Patear un globo hacia arriba alternando con el pie derecho e izquierdo mientras está parado.	Globo
Coordinación visomotriz	Aventar y cachar pelota	Favorecer la fuerza muscular Favorecer el seguimiento y el control ocular Desarrollar la coordinación óculo-manual	Se coloca el evaluador frente al paciente, se le avienta la pelota y se le solicita que no pierda de vista la pelota y que trate de atraparla solo con las manos Posteriormente se manda la pelota con diferentes direcciones para que el paciente la siga con la vista y la atrape con las manos	Pelota inflada y pelota con agua
Coordinación visomotriz	Encestar pelotas en canastas	Favorecer la coordinación óculo-manual	Se ofrece una caja de pelotas, las cuales deberán ser encestadas en una canasta. El terapeuta inicialmente podrá dirigir el movimiento	Caja de pelotas, canasta

Función	Tarea	Objetivo	Descripción	Materiales
Coordinación visomotriz	Juego con boliche	Favorecer la coordinación óculo-manual	Se invita al paciente a jugar boliche lanzando una pelota sobre los pinos. En un inicio es posible dirigir el movimiento	Juego de Boliche
Coordinación visomotriz	Ensartado de cuentas	Desarrollo del control del movimiento fino	Seguimiento de secuencias concretas Se dan al sujeto secuencias de cuentas que irá ensartando	Cuentas de colores y agujetas
Coordinación visomotriz	Juego de pulgas	Favorecer la coordinación óculo-manual. Desarrollo del control del movimiento fino	Se presenta el juego al invidividuo, se explica que tendrá que obtener la mayor cantidad de pulgas posibles de un color determinado	Juego de Pulgas
Timing	Pateando una pelota	Se favorece el timing	Se le pide al niño que le pegue a una pelota justo cuando llegue a cierta altura	Pelota
Timing	Brinca-pie	Se favorece el timing	Se le pide al sujeto que se coloque un brinca-pie en su pie derecho o izquierdo y que lo haga girar. El paciente debe saltar la pelota del brinca-pie con el pie contrario	Brinca-pie (también llamado gira-brinca, brinca-brinca o skip it)

Función	Tarea	Objetivo	Descripción	Materiales
Timing	Saltando la cuerda	Se favorece el timing	El sujeto debe saltar la cuerda con los dos pies, luego con un pie, luego con el otro, y después alternando el pie derecho e izquierdo	Cuerda para saltar
Timing	Lanzando cuentas al camioncito	Se favorece el timing	El terapeuta lanza un pequeño camioncito de juguete por el piso y el niño debe lanzar una cuenta que caiga sobre el auto.	Camión pequeño de juguete
Visoespacial	Construcción de figuras	Estimular la actividad constructiva	El individuo tendrá que armar la figura de acuerdo con el modelo presentado. Inicialmente la terapeuta dará todas las ayudas necesarias para que el niño logre y comprenda la tarea	Figuras de cartón divididas, papel y pegamento
Visoespacial	Rompecabezas	Favorecer el análisis y síntesis perceptual (segunda dimensión) Estimular la actividad constructiva	Rompecabezas: se clasifican las fichas: por orillas colores similares y esquinas Se motiva la construcción empezando por la parte superior a la inferior Es importante ir verificando la ejecución con el modelo	Rompecabezas de 20, 30, 40 piezas, etc.

Función	Tarea	Objetivo	Descripción	Materiales
Visoespacial	Juego de construcción de casa con bloques	Favorecer el análisis y síntesis perceptual (tercera dimensión) Estimular la actividad constructiva	Se presentan tarjetas modelo de distinta complejidad y nueve bloques que permitirán formar la construcción de una casita	Bloques
Funciones ejecutivas	Dictado gráfico siguiendo series	Favorecer la regulación y control de la conducta	Se presenta al sujeto una tarjeta orientadora con una serie de figuras geométricas que poseerán una flecha clave cada una. Después de explicar la tarjeta se presenta una serie de figuras que deberán hacer correspondencia con las presentadas en la tarjeta orientadora.	Tarjeta orientadora, hoja de papel y lápiz
Funciones ejecutivas	Juego conflictivo	Favorecer la capacidad de inhibir estímulos y responder ante los solicitados (atención selectiva)	Se presentan al sujeto juegos conflictivos en los que tenga que inhibir unos estímulos y responder ante otros. Por ejemplo: Responder sólo si Tocar una tarjeta negra ante el toque de la tarjeta blanca Juego con cartas: golpear tarjeta solicitada, por ejemplo: la del número 7, las que tengan punto, etc.	Tarjetas de colores, tarjetas de animales, hojas para marcar respuestas, etc.

Función	Tarea	Objetivo	Descripción	Materiales
Funciones ejecutivas	Juegos de mesa	Favorecer la regulación y control de la conducta	Se presentan distintos juegos de mesa al sujeto. Se plantean sobre una tarjeta las reglas y objetivos del juego	Lotería, memorama, domino, jenga, palillos chinos, etc.
Funciones ejecutivas	Labe-rintos sencillos	Favorecer la regulación y control de la conducta Estimular el control visomotriz Favorecer el desarrollo de la atención visual	Se presentan labe-rintos sencillos, y se explica al sujeto la resolución de este. Se le pide que se ayude del dedo índice	Laberintos plasmados en papel. Lápiz y goma
Funciones ejecutivas	Ordenar dinero	Favorecer la regulación y control	Se le pide al sujeto que clasifique el dinero por cantidades, teniendo cuidado de que quede bien acomodado y con la orientación correcta	Dinero de juguete
Funciones ejecutivas	Clasificar cartas	Favorecer la organización de la activi-dad	Se invita al sujeto a acomodar las cartas en orden ascendente y en orden descenden-te. También se le puede pedir que coloque sólo los pares o sólo los nones	Juego de cartas

Función	Tarea	Objetivo	Descripción	Materiales
Funciones ejecutivas	Los collares	Favorecer la regulación y control de la conducta Favorecer el desarrollo de la atención visual	Se propone hacer pulseras y collares con una secuencia determinada de cuentas	Hilo y cuentas
Funciones ejecutivas	Jenga	Favorecer la regulación y control de la conducta Favorecer el desarrollo de la atención	Acomodar piezas de jenga, primero se muestra cómo deben quedar después se guía al sujeto para hacerlo y después lo intenta sólo	Jenga
Cognición social	Mover objetos en equipo	Favorecer la coordinación motora gruesa Favorecer la cognición social	Se les pide que en grupos de dos personas o más muevan de lugar diferentes objetos grandes	Objetos grandes que puedan moverse (cajas, mesas de plástico, colchonetas)
Cognición social	Haciendo un sándwich juntos	Favorecer la cognición social	Se les pide que en pareja se tomen del brazo de su compañero y se coordinen para realizar un sándwich de manera conjunta utilizando únicamente la mano que queda suelta	Ingredientes para realizar un sándwich (pan, jamón, queso, etc.)

Función	Tarea	Objetivo	Descripción	Materiales
Cognición social	Doblando ropa juntos	Favorecer la cognición social	Se les pide que en pareja se tomen del brazo de su compañero y se coordinen para doblar prendas de vestir de manera conjunta utilizando únicamente la mano que queda suelta	Ropa (suéter, pantalón, playera, etc.)

Tabla 4. Propuesta de ejercicios para la rehabilitación del sistema motor (Castillo, 2015).

Referencias

Castillo, A. (2007). Modelo PAINT para la *Rehabilitación Neuropsicológica*. Mexico: ALAREN

Castillo, A. (2011). Rehabilitación de las praxias a través de la Teoría de Integración Sensorial. En: A. Castill, *Diferentes propuestas de Rehabilitación Neuropsicológica en Latinoamerica*. (pp. 33). Mexico: ALAREN.

Castillo, A. (2013). Programa calendarizado de actividades para la intevención Neuropsicológica. Modelo PAINT. En *Cómo detectar e intervenir los problemas de aprendizaje en el aula*. (pp. 109). Argentina: Municipalidad de Puerto Santa Cruz.

Castillo, A. (2015). *Intervención en el aula. En La importancia de la aplicación de la neuropsicología "en la Innovación Educativa"*. Argentina: Grafi-K.

Castillo, A. (2016, 29 de octubre). *Evaluación y rehabilitación de la somatodispraxia* [ponencia]. Asociación Mexicana de Neuropsicología, Universidad Autónoma de Nuevo León, Monterrey, N.L., México.

Castillo, A. (2018, enero). *Neuroanatomía y neurofisiología en la integración sensorial* [ponencia]. Asociación Mexicana de Integración Sensorial (AMIS), Ciudad de México, México.

Castillo, A. (2019a, septiembre). *Modelo PAINT avanzado* [diplomado]. CEV Universidad, Boca del Río, Ver., México.

Castillo, A. (2019b, 01 de junio). *Abordaje desde las neurociencias* [ponencia]. Departamento de Ciencias de la Salud de la Universidad Nacional del Sur, Bahía Blanca, Argentina.

Castillo, A. (2020, 25 de octubre). *Rehabilitación neuropsicológica* [ponencia]. Asociación Peruana de Neuropsicología, en línea.

Coello, Y. (2005). Spatial context and visual perception for action. Psicológica: *International Journal of Methodology and Experimental Psychology, 26*(1), 39-59. https://www.uv.es/psicologica/articulos1.05/3-COELLO.pdf

Dieterich, M., & Brandt, T. (2018). The parietal lobe and the vestibular system. *Handbook of clinical Neurology, 151*, 119–140. https://doi.org/10.1016/B978-0-444-63622-5.00006-1

Jacobs, K. M. (2011). Somatosensory System. In: J. S. Kreutzer, J. DeLuca, & B. Caplan (Eds), *Encyclopedia of Clinical Neuropsychology*. New York, NY: Springer.

Kravitz, D. J., Saleem, K. S., Baker, C. I., & Mishkin, M. (2011). A new neural framework for visuospatial processing. *Nature reviews. Neuroscience, 12*(4), 217–230. https://doi.org/10.1038/nrn3008

Umeda, T., Isa, T., & Nishimura, Y. (2019). The somatosensory cortex receives information about motor output. *Science advances, 5*(7), eaaw5388. https://doi.org/10.1126/sciadv.aaw5388

Urbina, A. D. R. F., Isasmendi, S. G., & Rivera, G. O. G. El sistema vestibular: aspectos generales y neurodesarrollo. https://fisio.buap.mx/online/Articulos/DraFloresA/AMIRA.P

Made in the USA
Monee, IL
08 November 2026

67816251R00194